産業用ロボット The ビギニング

工学博士
西田麻美 [著]
Nishida Mami

日刊工業新聞社

はじめに

みなさん、こんにちは。

メカトロニクス技術は、
メカニズム（機械）とエレクトロニクス（電気・電子）が
融合した技術で、コンピュータ制御技術を駆使することで
さまざまな機械システムを実現しています。

どんなに複雑に見える機械・ロボットでも、
その動作や運動のしくみは、
基本となる要素技術の組み合わせで
つくられているものがほとんどです。

本書は、「The ビギニング」シリーズの応用技術として、
世界をリードする産業用ロボットにスポットを当て、
それぞれの要素技術がどのように組み込まれて動作しているのか、
産業用ロボットを取り巻く周辺の大事な物事とは何かについて、
わかりやすく解説しました。

人々を魅了する産業用ロボットの陰には、
研ぎ澄まされた知恵の蓄積があります。
その試行錯誤の歩みをたどることで、
産業用ロボットだけでなく、メカトロ技術に対しても、
もっと興味を持っていただけると信じています。

まずは、産業用ロボットとは何かを知るために、
流し読みで全体を抑えていただき、
それから、繰り返し読んで理解を深めていただくことで、
あなたの将来の可能性を広げるための
ヒントとなることを願っています。

西田麻美（工学博士）

産業用ロボット The ビギニング

(もくじ)

1 章　産業用ロボットとは何か？

1. 産業用ロボットと非産業用ロボット …………002
2. 産業用ロボットと民生用の製品との違い …………003
3. 産業用ロボットの歴史 …………004
4. 産業用ロボットの定義 …………006
5. 産業用ロボットと自動化・生産システム …………009
6. 産業用ロボットは専用機と汎用機の中間に位置する …………010
7. 産業用ロボットの用途 …………012
8. 産業用ロボットとロボットシステム …………015
9. 産業用ロボットを適切に活用するために …………017
10. 産業用ロボットの機能と課題 …………021

2 章　産業用ロボットの種類と座標系

1. 産業用ロボットの分類 …………024
2. 座標系とは …………025
3. 座標系の種類 …………029
4. 座標軸による産業用ロボットの分類 …………031
5. 協働ロボット（準産業用ロボット） …………033
6. 産業用ロボットを構成する図記号 …………036
7. 産業用ロボットの特異点 …………042

3 章　産業用ロボットの構成要素 「マニピュレータ」編

1. 産業用ロボットの構成要素 …………046
2. 産業用ロボットのアクチュエータ：動力源 …………047
3. 産業用ロボットのセンサ：検出器 …………051
4. ロボットアーム：マニピュレータ …………055
5. ロボットハンド：エンドエフェクタ …………058
6. 減速機 …………061

7. 機械要素部品 ……………065
8. ロボット本体のメンテナンス ……………067

4 章　**産業用ロボットの構成要素「制御装置とコントローラ」編**

1. 制御装置とコントローラの構成 ……………070
2. 教示（ティーチング）……………071
3. ティーチングペンダント ……………076
4. コントローラ ……………079
5. 教示のための演習（ピック＆プレイス）……………085

5 章　**産業用ロボットの構成要素「制御方式とネットワーク通信」編**

1. 産業用ロボットの制御方式 ……………092
2. タイムチャートとフローチャート ……………097
3. 標準プログラミング言語：SLIM 言語 ……………104
4. 通信システムとネットワーク ……………107

6 章　**産業用ロボットの基本性能とカタログの活用**

1. 産業用ロボットのカタログ ……………114
2. 位置検出方式 ……………116
3. 運動の精度 ……………120
4. 位置決めができないときの要因 ……………123
5. 許容モーメント ……………126
6. 力制御 ……………131

7 章　**産業用ロボットの周辺機器**

1. 産業用ロボットの周辺機器および関連装置 ……………136
2. 自動供給装置 ……………137
3. 自動搬送装置 ……………144

8章 産業用ロボットに関する法令および規則

1. 産業用ロボットにおける事故 ……………158

2. 労働安全衛生法と規則 ……………160

3. 産業用ロボットを操作するには、特別教育が必要である ……………163

4. 教示には、危険防止策が必要である ……………165

5. 検査では、危険防止策が必要である ……………169

6. リスクアセスメント ……………174

参考文献 ……………178

索引 ……………180

1章

産業用ロボットとは何か？

1 産業用ロボットと 非産業用ロボット

　世界では、さまざまな特徴を持ったロボットが稼働し、人々の生活を支えています。その中で最も活躍しているロボットは、工場の自動化で欠かすことのできない「産業用ロボット」です。では、社会に貢献している産業用ロボットとは、どのようなものなのでしょうか？

　ロボットは、大きく分けると工場内で働く「産業用ロボット[※1]」と、工場外で働く「非産業用ロボット（サービスロボット[※2]）」の２つに分類されています。つまり、産業用ロボットとして定められた条件を満たしたロボット以外は、全てサービスロボットと呼ばれます。本書では、わたしたちが創る未来に関わりがあるにもかかわらず、意外なほど知られていない産業用ロボットの基礎を解説します。

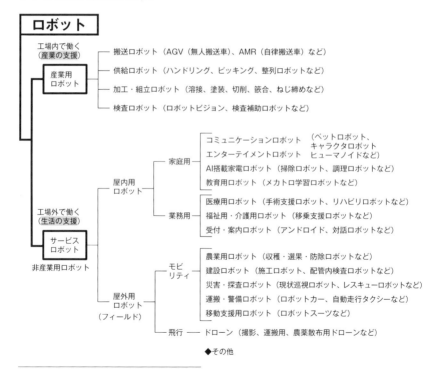

※1　国際標準化機構（ISO）では、産業用ロボットをモニターアームの構造によって細分化しています。
※2　国際標準化機構（ISO）では、サービスロボットを業務向けか個人利用向けかで区分しています。

産業用ロボットと民生用の製品との違い

産業用ロボットは、さまざまな作業に対応できる能力を持っています。そのため、どの業界でも活用できる機械ととらえがちです。しかし、産業用ロボットとして販売されているロボットを食事支援のために利用した場合は、サービスロボットとして扱われます。産業用ロボットには、構造や機能などの制約、そして、定義がありますが、サービスロボットには、具体的な制約や定義はありません。また、どのような産業用ロボットでも、一般向けに販売されている家電や機械製品とは異なる明確な違いがあります。まずはじめに、産業用ロボットがどのような製品であるかを知るために、民生用の製品※との違いを理解しておきましょう。

表　産業用ロボットと民生用の製品との違い

	民生用の製品	産業用ロボット
製品への要求	設計された製品が機能を満足し、故障せず長寿命、低コストであること	設計された機械で生産された製品が良品で低コストであること
仕様の決定	メーカーが決める	ユーザーが決める
使用者	一般の人（アマチュア）	特定の作業者、専門の技術者
法の規定	あまり重視されていない	重視しなければならない
デザイン	重視される（お客様満足度）	あまり重視されない
保守、修理	ほとんどの場合されない　故障時は、メーカーが修理する	義務づけられている　場合によっては専門の作業者を置く
アクセサリ	差別化のためにつける場合がある	必要なものしかつけない
改造	原則として行わない	機能向上や進化のために改善・改良が行われる

※　民生用：一般家庭での使用が想定されて開発された製品のこと

3 産業用ロボットの歴史

　産業用ロボットは、1960年代の後半に、「ユニメート（Unimate）」と「バーサトラン（Versatran）」という2種類のロボットがアメリカで誕生したことからはじまります。両者はともに、油圧駆動[※1]で作業する大型の産業用ロボットです。当時は、精度も悪く、工場で働く機械としてはまだまだ不十分でした。しかし、日本の企業が、これらのロボットを輸入し、研究開発を始めました。日本の産業用ロボットは、最初に自動車業界の溶接ロボットとして工場に投入され、大きく成長しました。1980年代になるとマイコンや電動モータ技術（サーボモータ）の発展とともに、多関節型ロボットやスカラロボットといった中小型の産業用ロボットが登場しました。1990年代になると「より性能の良いロボット」から「より価値の高いロボット」へと開発が進められ、現在でも、新しいニーズとともに進化を遂げています。

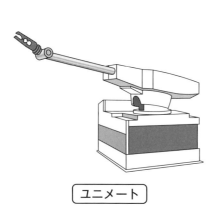

ユニメート

アメリカ　ユニメーション社

「汎用能力を持つ作業仲間」という意味をこめて名づけられた「ユニメート」。

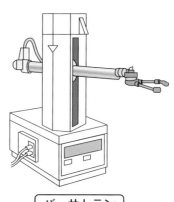

バーサトラン

アメリカ　AMF社

円筒座標型アーム構造という特徴を持ち、プログラム制御型ロボットとして誕生した「バーサトラン」。

※両ロボットは変更することができる作業プログラムといろいろな道具（つかみ機構や溶接トーチなど）を使ってさまざまな作業に対応できる「多能工」という新しい機械の概念を打ち出しました。

※1　現在、油圧駆動式は、高精度化や省エネ化の課題があり、市場占有率が低下したといわれています。

産業用ロボットとメカトロ技術の変遷

　1980年代は「ロボット元年」といわれています。その背景には、自動化意欲の高まりとともに、産業用ロボットへの切実なニーズに応えようとする技術要素の革新がありました。

　この時代に、自動化を支える「メカトロ技術」の生産財も一気に向上しました。

メカトロ技術

メカ系
・減速機、軸受けなどの機械要素のパフォーマンス向上
・減速機はハーモニックドライブへ
・5軸、6軸などの機構改革、部品も産業用ロボットに適した仕様に進化

エレキ系
・油圧、空気圧駆動から電気式サーボモータへの転換
・DCサーボモータからACサーボモータへ
・インクリメンタル（相対値）エンコーダからアブソリュート（絶対値）
　エンコーダへ
・ケーブル・部品実装技術の確立

ソフト系
・CPUにマイクロプロセッサの導入　8bitから16bit、
　さらに32bitへ
・固定シーケンス制御から可変シーケンス制御へ
・モーション制御、ハードウェアのロバスト性を確立
・マルチタスク・マルチプロセッサによる実時間処理技術が向上

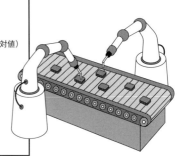

1950年代	アメリカのGeorge C.Devolが産業用ロボットの特許を出願 アメリカのConsolidated Corp.がディジタル制御によるロボットのプロトタイプを発表	
1960年代	アメリカで世界初の産業用ロボット、ユニメートとバーサトランが誕生 ◇川崎航空機工業（川崎重工業）がユニメーション社から産業用ロボットを輸入 ◇産業用ロボットの研究開発がはじまる　（昭和43年頃）	
1970年代	日本が産業用ロボットの生産台数で世界トップになる ◇自動車業界（スポット溶接）に産業用ロボットを導入 ◇マイクロプロセッサが実用化され普及する ◇サーボモータ技術が成熟する（大容量化）	◇オイルショック
1980年代	日本の産業用ロボットの製造数が19,000台になる ◇日本の産業用ロボットが世界の7割のシェアを占める ◇マニピュレータ、スカラなどの産業用ロボットが誕生 ◇PLCを用いた自動化機械が急速に伸びる ◇人工知能の研究が進む	◇ロボット元年 組立ロボット 部品実装ロボット スポット溶接ロボット アーク溶接ロボット 塗装ロボット 搬送ロボットなど進化を遂げる
1990年代	日本の産業用ロボットの製造数が79,000台になる ◇日本の産業用ロボットが世界の9割弱のシェアを占める ◇視覚、力覚制御技術が伸びる	
2000年代	日本の産業用ロボットの製造数が89,000台になる ◇輸出に強い自動車や電気電子産業が産業用ロボットを牽引 ◇ロボットシステムインテグレータが熟達 ◇協働ロボットが普及	◇ITバブル崩壊 ◇リーマンショック

4 産業用ロボットの定義

　産業用ロボットは、人間のような腕を持ち、その先端に取りつけられる手のようなもので作業するところに大きな特徴があることから、その構造や機能、仕組みや用途などによってさまざまな定義があります。本書では、「メーカー側」と「ユーザー側」の立場で大事な定義を取り上げて説明します。

(4-1) 「メーカー側」にとって大事な定義

　産業用ロボットを製品として作り、活用させるために必要な機能やシステムについて、日本産業規格（JIS）や国際標準化機構（ISO）に定義が示されています。

日本産業規格　JIS B 0134 (2015)	国際標準化機構　ISO 8373 (2012)
自動制御され、再プログラム可能で、多目的なマニピュレータであり、**3軸以上**でプログラムが可能で、1か所に固定して又は移動機能を持って**産業自動化の用途に用いられる**ロボットを産業用ロボットという （注記1）産業用ロボットは，次のものを含む。 ―マニピュレータ（アクチュエータを含む） ―制御装置 　［ペンダント及び通信インタフェース 　（ハードウェア及びソフトウェア）を含む］	**3以上の軸**を持ち、自動制御によって動作し、再プログラミング可能で多目的なマニピュレーション機能を持った機械で、産業用オートメーション分野では移動機能を持つものと持たないものがある （補足） 3軸以上をロボット、2軸以下の場合は専用機械と呼ばれる。

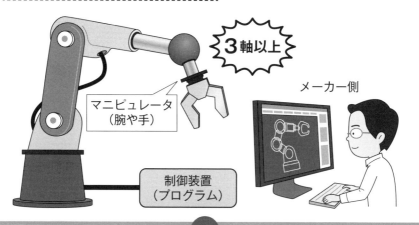

3軸以上

マニピュレータ
（腕や手）

メーカー側

制御装置
（プログラム）

(4-2) 「ユーザー側」にとって大事な定義

　産業用ロボットを扱うときは、原則として法の規定を守らなければならないため、労働安全衛生規則第36条に産業用ロボットの定義が示されています。この定義では、人やモノの安全を重んじて、ロボットの動作範囲や産業用ロボットの認否に至るまで細かく示されています。

労働安全衛生規則（第36条31号）

マニプレータ※及び記憶装置（可変シーケンス制御装置及び固定シーケンス制御装置を含む。以下この号において同じ）を有し、記憶装置の情報に基づきマニプレータの伸縮、屈伸、上下移動、左右移動もしくは旋回の動作又はこれらの複合動作を自動的に行うことができる機械。（ただし研究開発中のもの、その他厚生労働大臣が定めるものを除く）を産業用ロボットという

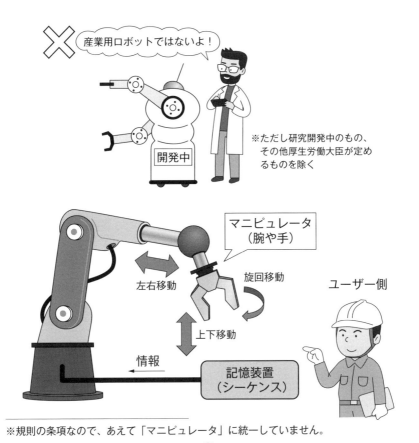

産業用ロボットではないよ！

※ただし研究開発中のもの、その他厚生労働大臣が定めるものを除く

開発中

マニピュレータ（腕や手）

左右移動　旋回移動

ユーザー側

上下移動

情報

記憶装置（シーケンス）

※規則の条項なので、あえて「マニピュレータ」に統一していません。

(4-3) 産業用ロボットに該当しないロボット

　日本では、機能や形が産業用ロボットの体をなしていても、「産業用ロボットとして認めない」という線引きがなされています。

　まず第一に、研究開発中であれば、産業ロボットではありません。これは、産業用ロボットとして、安全性がきちんと評価され、かつ、開発元が製品保証しなければならないことを意味しています。

　第二に、厚生労働大臣が定めるロボットで、以下の①～③に該当するロボットは産業用ロボットとして認められていません。

　例えば、80 W 以上の出力のモータを搭載している場合は、産業用ロボットとみなされ「さく又は囲いを設ける等」の規則に準じた措置が義務づけられます。しかし、80 W 未満の産業用ロボットはその措置も不要になります。これは、産業用ロボットと人との協働作業を可能にするために日本で定められたもので、EU などの海外では適応外となります。

厚生労働大臣が定める機械（昭和 58 年労働省告示第 51 号）

① 『定格出力（駆動用原動機を 2 つ以上有するものにあっては、それぞれの定格出力のうち最大のもの）が 80 ワット以下の駆動用原動機を有する機械』

モータ出力 80W超	モータ出力 80W以下
産業用ロボット	産業用ロボットではない
● JAPAN	● JAPAN
🇪🇺 EU 産業用ロボット	🇪🇺 EU 産業用ロボット

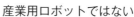

②マニプレータの伸縮、上下移動、左右移動又は旋回の動作のうち、**いずれか 1 つの動作の単調な繰り返し**を行う機械

③その他、厚生労働省労働基準局長が**接触による危険が生ずる恐れがないと認めた機械**

5 産業用ロボットと自動化・生産システム

　産業用ロボットは、主に工場の自動化や生産システムを実現するための機械として、その役目を担っています。生産システムには、「搬送」「供給」「実作業（加工・組立）」「検査（検品・仕分け）」「出荷（排出）」という5つの工程があります。1つのロボットですべての作業工程にあたることは難しいですが、各工程にそれぞれロボットを配置すれば、すべての「ライン工程」をロボットに任せることができます。

ライン工程（ライン生産方式）とは、大まかにいえば、ベルトコンベヤの上に流れてくる部品や製品に対して、決められた順序や手順で、加工や組立などを行い、完成品へと仕上げることをいいます。産業用ロボットの多くは、こうした生産システムの中で稼働しています。

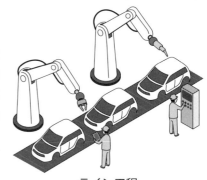

ライン工程

(5-1) ライン工程の特徴

　ライン工程の特徴は、完成するまでの全工程を1人で担うのではなく、作業ごとに担当が分けられていることです。一連の流れを分割することで、生産効率を高めることができます。また、ロボットが担当する領域と人間が担当する領域で、作業がはっきりと分かれていることも特徴の1つです。自動車の製造工場では、ほぼすべてがロボットを利用したライン工程で構成されていますが、巧みな部品の取りつけや細かい作業、検査、最終チェックなどでは、人が介在することがあります。

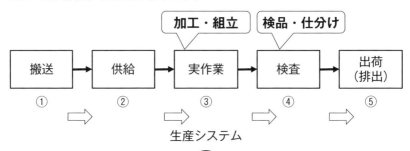

生産システム

6 産業用ロボットは 専用機と汎用機の中間に位置する

　自動機とは、単純作業や生産工程を人に代わって行う機械のことで、「専用機」と「汎用機」に大別されます。専用機には、1つの工程のみを行う「シングルステーション」や複数の工程を組み合わせた「マルチステーション」と呼ばれるものがあります。専用機は、特定の用途に特化して設計されているため、ほとんどがオーダーメイドです。一方、汎用機は、プログラムの変更によって、いろいろな条件や場面に対応できるよう、レディメイドで設計されています。産業用ロボットは、専用機に比べるとパワー、スピード、精度に劣る面もありますが、作業変更への対応が容易で、比較的安価であるため、専用機と汎用機の中間的存在の機械といわれています。

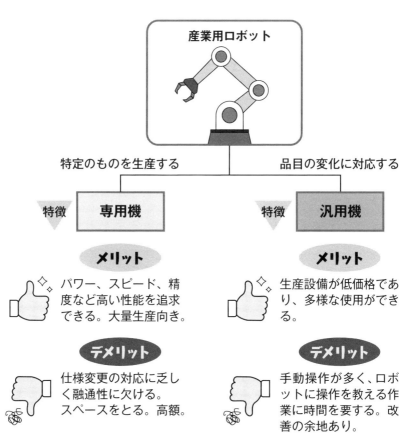

産業用ロボット

特定のものを生産する　　　　　品目の変化に対応する

特徴　**専用機**　　　　特徴　**汎用機**

メリット

パワー、スピード、精度など高い性能を追求できる。大量生産向き。

メリット

生産設備が低価格であり、多様な使用ができる。

デメリット

仕様変更の対応に乏しく融通性に欠ける。スペースをとる。高額。

デメリット

手動操作が多く、ロボットに操作を教える作業に時間を要する。改善の余地あり。

ここが ポイント　産業用ロボットと生産方式の変遷

　生産システムには、「生産数、品種のボリューム、製品の流し方」によっていくつかの生産方式があります。少品種大量生産とは、少ない品種を数多く生産する方式です。専用の自動機を用いれば、一気にたくさんの製品をつくることができます。一方で、多品種少量生産方式や変種変量生産方式では、産業用ロボットが数多く活躍しています。近年では、産業用ロボットにIoTやAIなどの技術を組み合わせながら、生産システムの俊敏性や製品の柔軟性を向上させています。

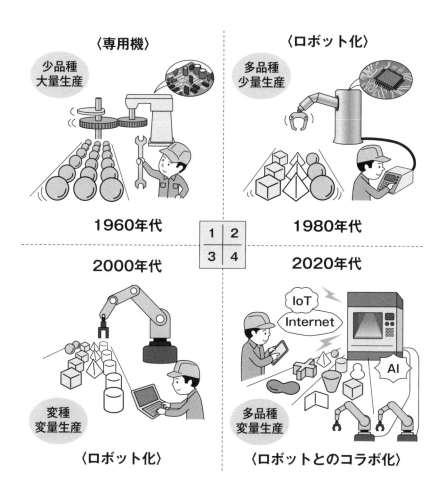

7 産業用ロボットの用途

　産業用ロボットは、手先にその特徴を見い出せることから、作業用途によって「工具持ち作業」と「ワーク持ち作業」に分類されています。またそれぞれに「連続運動作業」と「停止時作業」の２つの形態があります。

7-1 「工具持ち作業」と「ワーク持ち作業」

　「工具持ち」とは、ロボットの先端にハンドドリルのような専用の工具を持って、被加工材（製造業ではワークと呼ばれる）を切断したり、穴をあけたりなどの加工作業を行うことをいいます。ワークの大きさや形が変わっても、ロボット自体を変えずに作業できるのが特徴です。一方、「ワーク持ち」とは、ロボットハンドでワークを把持して作業を行うことをいいます。一般的に「ワーク持ち」では、対象とするワークの重量や材質によって、ハンドはその都度設計されます。

　右図は、１台のロボットがワークを把持し、もう１台のロボットがバリ取り専用の工具を持って、バリの発生しやすい加工面を研磨しているイラストです。ロボットを併用することで、ワーク毎の固定治具や工具のガイドなどが不要となります。

工具持ち
ワーク持ち
大きさの異なるワーク

7-2 「連続運動作業」と「停止時作業」

　「連続運動作業」とは、アーク溶接のように、一定の速度で左右上下に行ったり来たりしながら作業を行う形態で、CP 制御（P.95）を採用しているのが特徴です。CP 制御では移動軌跡精度、移動速度精度（一定さ、または、滑らかさ）の良さが、完成品に直接影響を与えます。

　「停止時作業」とは、スポット溶接のように、ロボットが点から点に移動し、停止したときに作業を行う形態で、PTP 制御（P.94）を採用しているのが特徴です。目標点までどのように移動させるかの経路は問題にせずに、目標点へ素早く移動し、振動せずに停止できることが望まれます。

7-3 産業用ロボットの用途事例と使われる用語（1）

　産業用ロボットの用途とその作業で用いられる専門用語についていくつか紹介します。

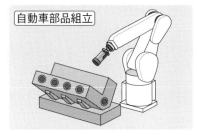

自動車部品組立

溶接や塗装

　溶接ロボットは、強い光や高温を気にすることなく、休まずに素早く連続して溶接します。

　塗装ロボットは塗料の細かい粒や溶剤を気にせず、色ムラなく均一に塗装します。人に代わって悪環境、危険の中でも作業できます。

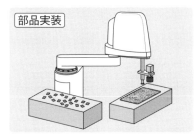

部品実装

部品の組み立て

　組立ロボットは、自動車産業における車体組立てから、電子機器の部品の組立まで多岐にわたって活躍しています。嵌合（かんごう）と呼ばれる部品と部品をはめあう組立作業では、力加減が必要なため視覚センサや力覚センサなどが利用されています。

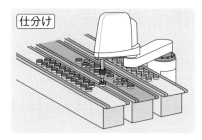

仕分け

マテハン
（部品の仕分け、整列、搬送など）

　マテハンとは、マテリアル・ハンドリングの略で、主に搬送、仕分け、取り出し、整列、積み込みなどを行います。マテハンでは、ワークをつかみ、ある所から別の場所に精度良く移動させることが基本です。この作業を「位置決め」といいます。

L/UL

L/UL

　マテハンの1つに、箱やパレットなどにワークを積むパレタイジングがあります。積み込む場合をローディング（L）、取出す場合をアンローディング（UL）といいます。L/ULロボットでは、目的の場所に最適なパターンで高速に、L/ULを繰り返します。

1章

産業用ロボットとは何か？

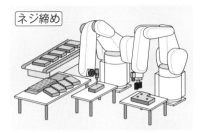

ネジ締め

部品の形状や動作が複雑になるほど正確な位置決めが困難となり、位置ズレを生じます。位置ズレを補正しながら作業するネジ締めロボットでは、拾い上げる位置と締める位置にズレが生じないよう、位置補正カメラなどが搭載されています。

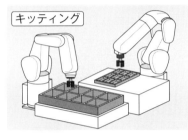

キッティング

加工や組立などの実作業をしやすくするために、必要なツールや部材をセットアップすることをキッティングといいます。トレイ内のばらばらな部品を取り出して位置を変えたり、方向を整えたりしながら整頓された状態にして、次工程の作業をしやすくします。

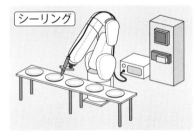

シーリング

シーリングとは、目地や亀裂部などを接着剤やシール剤などの充填剤でふさぐことをいいます。シーリング作業は、狙い通りの位置に狙い通りの量を一定の流速で塗布することが重要で、動作軌跡の正確性が求められます。

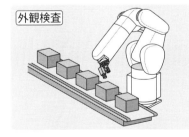

外観検査

検査には内観検査と外観検査があります。産業用ロボットは主に外観検査を行います。異物の混入や傷など、製品の状態をカメラと画像検査装置（合否の判別機）で確認します。

方々から確認するため、空間内を自由に動き回れる多関節型のロボットが多く用いられています。

8 産業用ロボットとロボットシステム

　産業用ロボットの多くは、作業する手先の部分は装備していません。また、動作のプログラム（コロトローラ）も入力されていない状態です。①産業用ロボットの本体に②手先に専用のツール（ハンド）を取付けて、さらに必要とされる③動作プログラムを加えて、産業用ロボットが完成します。また、自動化システムには、完成した産業用ロボットのほかに、④周辺装置が必要です。これらをすべて組み合わせたものを「システムインテグレーション」、または「ロボットシステム」といいます。一般的に①はメーカー側で提供されますが、②～④については、ユーザー側で用途毎に用意します。

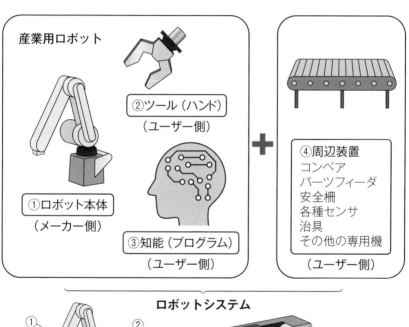

産業用ロボット

②ツール（ハンド）
（ユーザー側）

①ロボット本体
（メーカー側）

③知能（プログラム）
（ユーザー側）

＋

④周辺装置
コンベア
パーツフィーダ
安全柵
各種センサ
治具
その他の専用機

（ユーザー側）

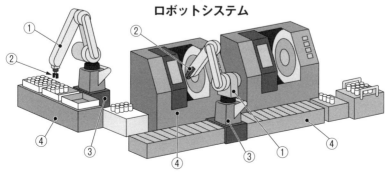

ロボットシステム

8-1 産業用ロボットを取り巻く環境

　産業用ロボットを取り巻く環境には、ロボットメーカー、システムインテグレータ、エンドユーザーの３つが存在しています。

　ロボットメーカーは、産業用ロボットの開発、製造元です。製品の欠陥や不備などにより、人の生命や財産に損害が生じないようなロボットを提供します。

　エンドユーザーは、ロボットを購入し利用する側です。安全に作業できるように産業用ロボットに関する教育や管理を徹底します。

　システムインテグレータは、SIer（エスアイア）と呼ばれています。一般的にエンドユーザーは、自由にロボットをカスタマイズすることができます。しかし、産業用ロボットには高い専門性が求められるため、SIer を介在することが一般的です。SIer は、ロボットの運用を円滑に行うためのシステムの構築・運営をはじめ、ロボットシステムに関わるアドバイスも担います。

| ロボットメーカー | ロボットやロボットシステムを提供する |

- ●安全なロボット本体を提供する（機械的電気的安全の確保）
- ●安全なシステム構築のための機能を提供する
- ●安全に取り込めるオプション（機能・装置）を提供する

つくる者

| SIer | ロボットやロボットシステムの構築をお手伝い |

- ●目的の仕様を実現するための安全なシステムを具現化する
- ●安全なシステム構築のための十分なヒアリングをする
- ●安全なシステム構築のための課題の確認、説明などをする

仲介者

| エンドユーザー | ロボットやロボットシステムを運用する |

- ●ロボットシステムを安全に運用するための整備をする
- ●ロボットシステムを安全に運用するための設備を確保する
- ●安全教育、安全基準、作業基準、業務点検などを徹底する

使う者

9 産業用ロボットを適切に 活用するために

　産業用ロボットは、工場の自動化のために、素早く、正確に、黙々と働くように意図的に開発されています。仮に、産業用ロボットを意図に反した目的で使用する場合（あるいは、カスタマイズして別の目的で利用する場合）は、動作の判断を誤らせるだけでなく、事故が発生しうる状態、または事故の発生原因を作り出す環境下に置かれます。

　産業用ロボットは、動物にたとえるならば、トラやライオンなどの猛獣と一緒です。取り扱いには、十分な知識や理解が必要になります。ユーザーがロボットを導入する時には、何のためにそれを使うのか、という事柄や利用する目的を、ロボットメーカーや SIer から求められます。

9-1　産業用ロボットの目的

```
┌─ 第一の目的 ──────────┐   ┌─ 第二の目的 ──────────┐
│ ①生産性の向上を図る       │   │ ⑤人の代わりの作業        │
│ ②品質の安定化と均一化を図る │   │  （危険作業や重労働など）   │
│ ③多品種への対応          │   │ ⑥安全の確保            │
│ ④人件費の節減（省人化）     │   │  （人やモノを守る）       │
└─────────────────┘   └─────────────────┘
```

```
┌─ 第三の目的 ──┐
│  ①～⑥以外      │
└───────────┘
```

その使い方合ってます？

9-2 産業用ロボット導入のメリット

　産業用ロボットを工場内のライン工程などに活用することで、得られる効果が大きいのは確かです。しかし、産業用ロボットは、作業工程ごとに得意不得意があり、自動化できる部分とできにくい部分があります。ロボットを上手に活用するためには、産業用ロボットのメリット、デメリットを把握しておくことが重要です。

　産業用ロボットは、工場内の「費用対効果（コストパフォーマンス）」を最大にするために開発されています。費用対効果を細かく分類したものが、①〜⑨までのメリットになります。

　産業用ロボットの導入時では、メリットの重要度、緊急度などの優先順位を分類することが、費用対効果を得られることに直結しています。

メリット

①高付加価値
②需要変動対応
③作業環境改善
④省人化
⑤省力化・省スキル化
⑥省スペース化
⑦生産性向上
⑧品質安定・向上
⑨省資源・省エネ

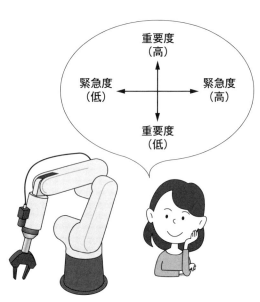

メリットを分類してみましょう！

①高付加価値

　人の作業では実現できなかった作業を、産業用ロボットを用いて自動化することにより、作業範囲を拡大しつつ、安定化を図る。

②需要変動対応

　人の作業では急な生産量や製品種類の変動への対応が難しいが、産業用ロボットと専用機を組み合わせることで、生産体制の柔軟化や長時間労働の軽減を目指す。

③作業環境改善

　3K（キツイ・キタナイ・キケン）な作業を産業用ロボットに代行させることで若者の製造業離れ、進行する現場の高齢化に対応する。作業環境の改善を行いつつ、作業効率を向上させる。

④省人化

　人を減らすということではなく、経験豊富な技能者を単純作業から開発などの知的生産作業（例えば、品質安定化の検討や基準・標準づくりなど）へ人材リソースを配分する。

⑤省力化・省スキル化

　作業者の習熟度に頼らずに、安定した品質を確保できるようにする。作業者に求める習熟度および習得時間を低く設定する。

⑥省スペース化

　工場のレイアウトを改善し、新規設備を導入する。安全柵が不要となる協働ロボットを利用し人の作業を補助したり、同じ環境で同じ作業をさせる。

⑦生産性向上

　産業用ロボットは、24時間、365日休みなしで稼働することができるため、熟練した単純な作業をフル活動させて、生産性向上を図る。

⑧品質安定・向上

　人の作業を産業用ロボットに代行させることで、製品のバラツキを抑え、人的ミスを回避する。品質の安定化や製品自体の向上を図る。

⑨省資源・省エネ

　従来の専用設備やそれを駆動するために必要なエネルギーを産業用ロボットに置き換えることにより、電力消費量を抑え、省資源・省エネ化を目指す。

9-3 産業用ロボット導入のデメリット

デメリット

①イニシャルコストが高い
②完全無人化が難しい
③導入時のノウハウ見える
　化が必要
④人材の確保が必要
⑤運用上の新たなトラブル

①イニシャルコストが高い

　産業用ロボットには次のような費用が発生する。 ロボット本体、ロボット関連装置（ハンド・架台など）、ロボット周辺設備（安全柵、製品ストッカーなど）、システムインテグレーション関連費（構想や詳細設計、組立て、設置工事、調整、リスクアセスメント、点検）、ロボット教育（安全講習など）。

②完全無人化が難しい

　イニシャルコストが高いことに加えて、その都度プログラムを書き込む、ハンドを設計、交換する、保守などに時間をさかれる。熟練者の作業をロボットに置き換える場合は、ノウハウやコツといった目に見えないものをシステム（ロボット言語化）に落とし込まなければならない。産業用ロボットだけでは、何もできない。

③人材の確保が必要

　産業用ロボットには、必要な働きを学習（ティーチング）させる必要がある。これには、専門知識を持つ人員を配置しなければならない。場合によっては外部に依頼する。

④運用上の新たなトラブル

　産業用ロボットは徹底した安全管理が必要である。ロボット周辺装置の事故や停止、プログラムのミスによる誤作動など、想像していないトラブルが発生し、生産ラインが止まる可能性がある。工場環境や人的環境の整備が急務となる。

10 産業用ロボットの機能と課題

　産業用ロボットには、「作業機能」、「感知機能」、「知的機能」という3つの機能があります。現在の産業用ロボットは、これらの機能の向上に向けて開発されています。逆の視点から見れば、それらの中に産業用ロボットの課題があるといえます。

①作業機能

産業上でなんらかの仕事を行う機能

・切削・切断・バリ取り・かしめなどの加工
・ワークの移動・搬送
・部品の組付け・組み立て
など

課題

・軽量化
・設置スペース
・腕力
・多関節 ┐
・多自由度指 ┘安価
・高速
・高精度
・複数腕の協調
・移動（運動）機能
・モジュール化
・互換性

②感知機能

産業上でなんらかの検知を行う機能

・位置感知
・視覚感知
・触覚（力）感知
など

課題

●視覚機能
・高速認識
・位置と姿勢
・形状とパターン認識
・色合い認識
・表面形状
●触覚機能
・姿勢形状
・硬さ、柔らかさ
・力感覚制御
●視覚触覚複合
・複雑な環境下での作業

③知的機能

記憶・判断・処理・命令を行う機能

・作業に関する位置や内容の把握
・順序の記憶
・部品の有無、結果の判断
・動作指令
など

課題

●適応能力
・動作の修正と変更
・部品の選択
・学習と熟練
●作業教示の容易性
・直観的作業
・複雑な作業の緩和
・プログラミング
・ロボット言語
●ロボット同士の作業
・グループワーク
・人間との協調
●システム連携の処理時間

2章

産業用ロボットの種類と座標系

1 産業用ロボットの分類

　産業用ロボットには、①作業別、②大きさ、③駆動源、④座標系、⑤運用形態、⑥制御など、さまざまな分類方法があります。また、機械や制御といった、各分野ごとによってもいくつかに種別されています。一般的に産業用ロボットは、リンクとジョイント（関節）の組合わせを基本構造とし、アーム（腕）が3次元空間内の任意の位置でいろいろな動きをするようになっています。その位置や姿勢を表現するためには縦（y）・横（x）・高さ（z）の3つの情報を与えなければなりません。これを「座標系」といいます。多くのロボットはx、y、z方向の「座標系」でアームがどのように運動（直線、回転）するかで分類されています。

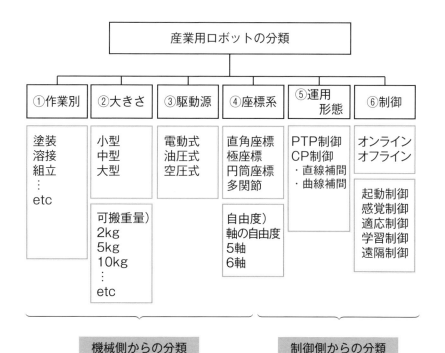

2 座標系とは

　人間は空間の中で、対象（ワーク）と自分との位置関係を感覚的に把握できます。しかし、ロボットは、自分がどの位置、どの姿勢にあるのかを数値で示さない限り、把握することはできません。「あと 10 mm だけ動かしたい！」というときに、どこから、どの方向に 10 mm 動けばよいのかわからないのです。そこで、ロボットに、考えるための基準（原点）を与えます。このように原点からの位置関係を示すのが「座標系」の特徴です。例えば、原点から $z=-10$、$y=0$、$z=0$ というように数値を与えると、目的の位置まで関節を直線的に動かすことができます。これを「位置の制御」といいます。また、移動した先の位置で、回転角度の情報を与えれば、姿勢を決定することもできます。これを「姿勢の制御」といいます。3 次元空間に対して位置と姿勢の数値を与えれば、どの方向にも自在に動かせます。

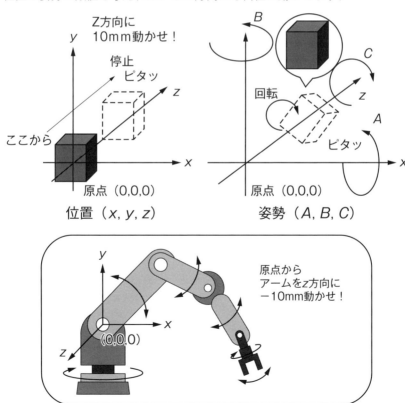

位置（x, y, z）　　姿勢（A, B, C）

2-1 ロボットの関節数と自由度

　ロボットに位置や姿勢を示すときには、力学系による「自由度」の考え方が取り入れられています。これは、下図のようなイメージです。まず、直進に動く、x、y、z、の方向に、3つの位置を表す情報を表記できます。これを「直角座標系」といいます。そして、A、B、Cの方向に、回転（姿勢）に関する情報を表記します。通常は、反時計回りがプラス、時計回りがマイナスです。これを「極座標系」といいます。合計6つの表記は、それぞれ独立に決定することができる数で、「自由度」という単位で示されます。自由度は関節の軸の数と同等です。例えば、関節が5つのロボットは「5軸」「5自由度」と呼ばれています。6自由度あれば3次元空間内で任意の動作を実現できます。

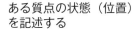

ある質点の状態（位置）を記述する

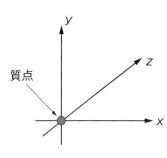

直角座標系

```
(x)      1自由度
(x,y)    2自由度
(x,y,z)  3自由度

自由度：3
```

ある質点の状態（姿勢）を記述する

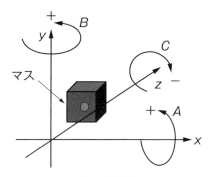

極座標系

```
(x,y,z)   (A,B,C)
 位置      姿勢
  ↑         ↑
3自由度    3自由度

自由度：6
```

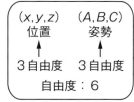

2-2 右手座標系と左手座標系

　3次元空間上に、座標（x、y、z）を表すことを「三次元座標系」といいます。三次元座標系には、「右手座標系」と「左手座標系」と呼ばれる2通りの表記があります。右手と左手の両者の違いは、x座標とy座標は、どちらも方向の扱いは同じですが、z座標の方向の扱いが異なっている（反転している）ことです。一般的に、産業用ロボットは、右手座標系で表記されています[1]。

※1　協働ロボットの教示などでは、左手座標系で表記される場合もあります。

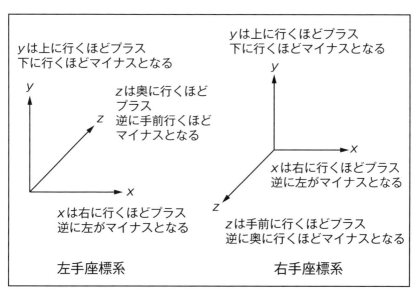

yは上に行くほどプラス
下に行くほどマイナスとなる

zは奥に行くほど
プラス
逆に手前行くほど
マイナスとなる

xは右に行くほどプラス
逆に左がマイナスとなる

左手座標系

yは上に行くほどプラス
下に行くほどマイナスとなる

xは右に行くほどプラス
逆に左がマイナスとなる

zは手前に行くほどプラス
逆に奥に行くほどマイナスとなる

右手座標系

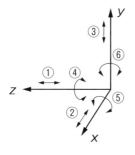

ロボットは右手系で表現する

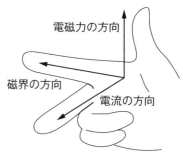

電磁力の方向

磁界の方向

電流の方向

フレミングの右手の法則

2-3 関節の呼び方と機能

　ここで、6軸の産業用ロボットを取り上げて、各関節の呼び方と機能について説明します。

　6軸の産業用ロボットは、6個の関節（ジョイント）で成り立っており、それぞれ、底（ベース）から1軸、2軸、…というように数えます。ジョイント（J）を頭につけて、J1軸、J2軸と呼ぶこともあります。人間の動きで表すと、1軸から3軸までは、腰、肩、肘の動き、4軸から6軸までは、腕から先の手首の動きというイメージです。まず、1軸（旋回）、2軸（前後）、3軸（回転）の3つの関節で、所定の位置に指先を運びます。そして、次の4軸（腕の回転）、5軸（手首の曲げ）、6軸（指先のひねり）で指先を自由な向きに動かします。この6軸の関節で、人間が行うような自在な作業を可能にします。

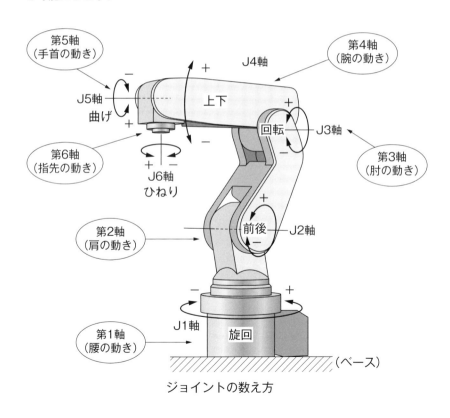

ジョイントの数え方

3 座標系の種類

産業用ロボットを動かすには、はじめに原点や座標系の設定を行います。どこに原点を置くかによって「直交座標系」、「関節座標系」、「ツール座標系」などがあります。

3-1 原点の置き方による座標系の違い

直交座標系は、ベース座標系と呼ばれています。ロボットのベース（第1軸）を基準にして、X、Y、Z（位置）とA、B、C（姿勢）の原点を設定します。直角座標系は、ベースと他の軸の位置関係が最も把握しやすいという特徴があります。関節座標系は、各関節ごとに原点を設定します。ロボットの手先の一部など、特定の関節を動かしたいときや厳密に各関節を動かしたいときに利用されます。ツール座標系は、オプションで取り付けられるハンド（ツール）を原点に設定します。ツール座標系では、各関節がツールの先端に設定されたX、Y、Z（位置）と平行に動作します。

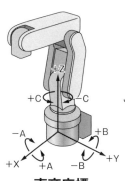

直交座標
（ベース座標系）
互いに直交している座標軸を指定することによって定まる座標系のこと

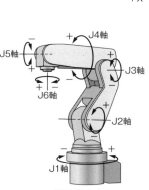

関節座標
ロボットの各関節の回転角度を値とする座標系のこと

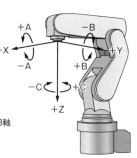

ツール座標
ロボットのハンド先端を原点とした直交座標系のこと

(3-2) その他の座標系

　産業用ロボットの座標系は、「直交座標系」、「関節座標系」、「ツール座標系」のほかに、さまざまな座標系が用意されています。一般的に座標系は、それぞれ使用目的によって使い分けられます。

◆ワールド座標系

・地面または作業面に設定された座標系

◆メカニカルインターフェース座標系

・手首フランジに設定された座標系

◆ユーザー座標系

・ユーザーによって定義される直交座標系

◆ジョグ座標系

・手動操作のみに関する座標系
　（手動操作を効率的に行うためユーザー側で設定）

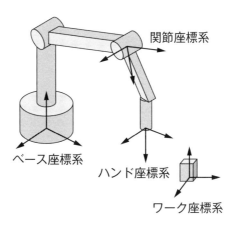

---

4 座標軸による産業用ロボットの分類

　各関節をどのような座標軸（直動、または、回転）にするかによって、産業用ロボットは以下に示す4つに大きく分類することができます。その中でも3次元空間内を自由に移動できる「多関節型」は、産業用ロボットでは主流のロボットです。多関節型には、直列（シリアル型）と並列（パラレル型）の2種類があります。

極座標

| 回転－回転－直動 |
| 可動範囲：半球状 |

特徴
回転ジョイント2つ
直進ジョイント1つ
土台に旋回軸あり
左右に回転する
上下に伸縮、回転可能なアームがある。
可動範囲はドーム状

円筒座標

| 回転－直動－直動 |
| 可動範囲：円筒 |

特徴
回転ジョイントが1つ
直進ジョイントが2つ
土台に旋回軸あり
左右に回転する構造
極座標と一緒だが、アームを上下に移動できる。

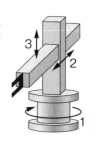

直角座標

| 直動－直動－直動 |
| 可動範囲：直方体 |

特徴
直進ジョイントが3つ
2つのリンクが直交して相対運動する構造。
可動範囲は直方体

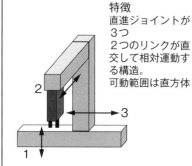

多関節型

| 回転－回転－回転 |
| 可動範囲：複合（さまざま） |

特徴
回転ジョイントが6つ
可動範囲は、ロボットによって大きく異なる。
垂直多関節と水平多関節とがある。現在の産業用ロボットの代表

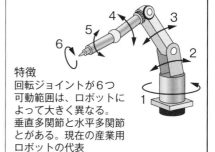

4-1 多関節型ロボットの種類

　多関節型ロボットの「直列型」では、「垂直多関節型ロボット」と「水平多関節型ロボット」に分類されています。一方で、「並列型」には「パラレルリンクロボット」と呼ばれるロボットがあります。

　垂直多関節型ロボットは、自由度の高い動きができるため、溶接や搬送などの作業で用いられています。しかし、剛性や制御などの制約から高速で動くことを苦手としています。水平多関節型ロボットは、4軸が主流で、組立てが得意なロボットです。また、一方向からの単純作業をロボットに置き換えやすいなどの特徴があります。パラレルリンクロボットは、アームを介してモータの動力を1つのプレートに伝える仕組みです。「デルタロボット」と呼ばれています。

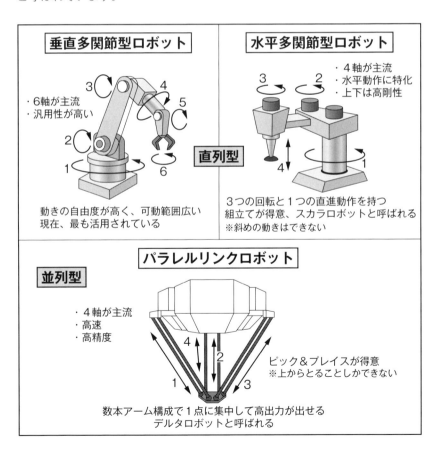

垂直多関節型ロボット
・6軸が主流
・汎用性が高い

直列型

動きの自由度が高く、可動範囲広い
現在、最も活用されている

水平多関節型ロボット
・4軸が主流
・水平動作に特化
・上下は高剛性

3つの回転と1つの直進動作を持つ
組立てが得意、スカラロボットと呼ばれる
※斜めの動きはできない

パラレルリンクロボット

並列型

・4軸が主流
・高速
・高精度

ピック＆プレイスが得意
※上からとることしかできない

数本アーム構成で1点に集中して高出力が出せる
デルタロボットと呼ばれる

5 協働ロボット（準産業用ロボット）

　大きな出力（ワット）で作業する産業用ロボットは、人とロボットを柵などで分離することが義務づけられています。これは、労働安全衛生規則に基づき、モータ軸の定格出力が 80 ワットを超える場合、安全柵を講じなければいけないというルールがあるからです。一方で、2013 年に法の規制緩和が実施され、「協働運転要求事項」のいずれか 1 つ以上を満たせば、安全柵なしの運用が可能となりました。これにより、人と同じ空間で作業できる「協働ロボット」が登場しました。協働ロボットは、人手不足の解消をはじめ、小型化、軽量化、安価、教示の容易さなどの点でも注目を集めています。

国際規格 ISO 10218-1：2011 の 5・10 項
協働運転要求事項の 4 要件　※いずれか 1 つ以上を満たすことが求められる。

①**監視された安全適合停止**
　ロボットの動作領域内に人間が侵入した際に即座にロボットを停止することができる

②**ハンドガイド**
　人がロボットを直接触って操作するモードで、非常停止とイネーブルスイッチを設け、かつ、ロボットの動作速度を監視することができる

③**速度および隔離監視**
　ロボットと人間の相対速度と距離が基準値を超えた場合にロボットを停止することができる

④**動力および力の制限**
　ロボットの発生力が制限され、基準値を超えた場合にはロボットを停止することができる

従来型の産業用ロボット
（安全柵あり）

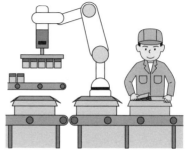

協働ロボット
（安全柵なし）

5-1 単腕ロボットと双腕ロボット

　協働ロボットは、1本のアームによる「単腕ロボット」と2本のアームによる「双腕ロボット」の2種類があります。単腕ロボットは、設置方向を気にせず、狭いスペースでの作業に対応できるというメリットがあります。一方で、双腕ロボットは、2本の腕があることにより、両手を使った作業や人の手の動きをトレースした作業ができることなど、多くのメリットがあります。協働ロボットには、「垂直多関節型」と「水平多関節型」の2種類があります。

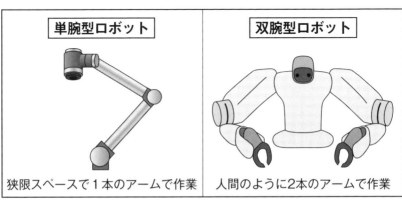

単腕型ロボット
狭限スペースで1本のアームで作業

双腕型ロボット
人間のように2本のアームで作業

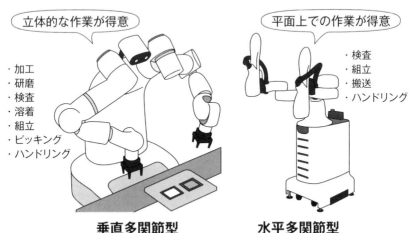

立体的な作業が得意
・加工
・研磨
・検査
・溶着
・組立
・ピッキング
・ハンドリング

垂直多関節型

平面上での作業が得意
・検査
・組立
・搬送
・ハンドリング

水平多関節型

　協働ロボットは、短いサイクルで、高度に個性化された製品（段階的に発展する製品）を小ロットで作ることに長けています。人の適応力とロボットの精密で反復的な作業力を組み合わせることで、多品種の製品を同一のライン上で自動化することができます。

5-2 従来のロボットと協働ロボットの比較

　人の代わりに働く産業用ロボットには、手間のかかる教示（プログラミング）や安全柵をはじめとする周辺機器の設置などの課題があります。一方で、人と一緒に働く協働ロボットでは、プログラミングにタブレット端末を使ったり、作業者が直接ロボットのアームを手で動かしながら動作を覚えさせる（ダイレクトティーチング）が用いられています。これらの方法は、ロボット操作に不慣れな作業者でも取組みやすく、比較的身軽に導入できるメリットといえます。しかし、十分なリスクアセスメント（安全対策）は不可欠です。

ティーチングペンダント
タブレット

ダイレクトティーチング

　従来の産業用ロボットと協働ロボットを比較してみましょう。

非協働型（従来型）と協働型との比較

	人間の代わりに働く（従来型）	人間と一緒に働く（協働型）
作業内容	産業用ロボット単体で完結する作業	人とロボットが一緒に作業ができる
作業場所	柵の設置が可能な大型ライン	柵が不要なので設置場所を選ばない
対象物	同品種・大量生産	超多品種少量生産・変種変量に対応可
制御	位置決め制御	位置決め制御＋力制御
教示	難しい（専門性が必要）	比較的容易（直接教示法）
コスト	高価	比較的安価

6 産業用ロボットを構成する図記号

産業用ロボットは、腕や手の関節の状態や運動機能、使われる部品などを図記号を使って表すことができます。（JIS B 0138）

6-1 図記号

産業用ロボットでは、目的の動きを実現するために、各関節をどのような順序で配列しているのかをロボットの特徴として表すことができます。

関節の動きの基本は、直進運動、回転運動、旋回運動があり、この単位動作を組合わせます。旋回運動では、必要に応じて正面、または、側面の図記号が使用されています。

矢印を使って方向も示します。

産業用ロボットの図記号（JIS B 0138）

番号	名称	図記号	参考 運動方向
1	直動（1）		
2	直動（2）		
3	回転機構		
4	旋回（1）	側面	側面
5	旋回（2）	側面	側面
6	差動歯車		
7	ボールジョイント		球：3自由度
8	把握		
9	保持など		メカニカルインターフェース
10	ベース		地面、テーブルなどの設置基準面

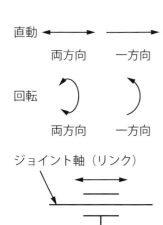

直動　両方向　一方向

回転　両方向　一方向

ジョイント軸（リンク）

6-2 文字記号

　産業用ロボットには、図記号と同様に、腕や手首の運動を示す文字記号が用いられています。運動に変化のあることを示す「可変量」は、小文字で表記され、一定の運動量を保つ「固定量」は、大文字で表記されます。文字記号の使い方は、座標系や運動系の中でも決められています。

名称	量	文字記号		意味
		可変量	固定量	
腕	角	α θ φ	A Θ Φ	回転 左右旋回 上下旋回
	長さ	l x、y z	L X、Y Z	左右移動 上下移動
	半径	r	R	伸縮
手	角	β γ	B Γ	回転 振り

注）添字 1〜n は根元から手首に向って α_1、α_2、…で記す。
　　（φ_1、φ_2、…、θ_1、θ_2、…）

座標系・運動系		文字記号
座標系	座標系（一般的表示）	X、Y、Z
	ワールド座標系	X_0、Y_0、Z_0
	ベース座標系	X_1、Y_1、Z_1
	メカニカルインターフェース座標系	X_m、Y_m、Z_m
運動系	x、y、z 軸方向の並進運動	X、Y、Z ／ x、y、z
	x、y、z 軸周りの単独の回転運動	A、B、C

(6-3) 図記号を使ったロボットの例

　図記号を組み合わせた産業用ロボットの例を紹介します。

　例4）の円筒座標型ロボットでは、立体的な表現をわかりやすくするために、座標系を加えて表現することもあります。

例1）垂直多関節ロボット

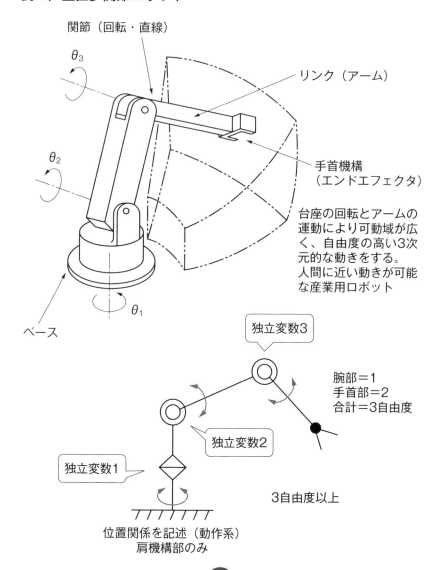

関節（回転・直線）

θ_3

リンク（アーム）

θ_2

手首機構
（エンドエフェクタ）

台座の回転とアームの運動により可動域が広く、自由度の高い3次元的な動きをする。人間に近い動きが可能な産業用ロボット

θ_1

ベース

独立変数3

腕部＝1
手首部＝2
合計＝3自由度

独立変数2

独立変数1

3自由度以上

位置関係を記述（動作系）
肩機構部のみ

例2）水平多関節型ロボット

3つの回転運動、1つの上下運動を基本構造とする。
回転部分が水平に並んでいるため、動きに制限はあるが水平面に柔らかく、垂直方向に剛性が高い特徴がある。
スカラロボットと呼ばれる。

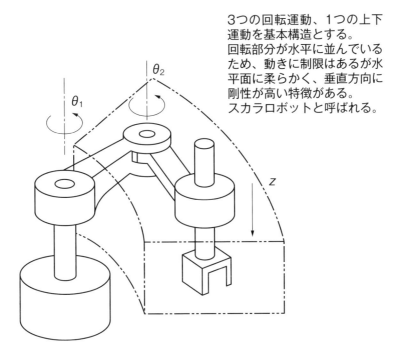

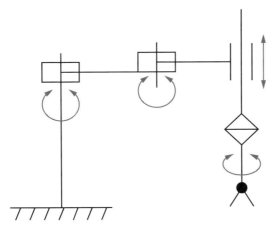

4自由度

水平面（柔軟）：ピンを入れる際に穴に沿う
垂直面（剛性）：ピンの押し込み力

スカラ：SCARA＝Selective Compliance Assembly Robot Arm

例3）直角座標型ロボット

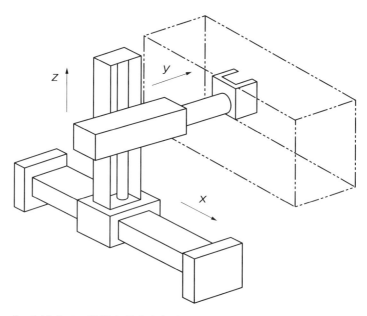

シンプルな構成で、単純な動きを得意とする産業用ロボット。
剛性や位置決め精度が高い。速度・加速度や分解能が一様であるのが特徴。
縦・横・高さという3方向を直交して搬送や検査などを行う。

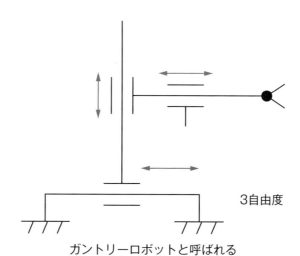

3自由度

ガントリーロボットと呼ばれる

例4）円筒座標型ロボット

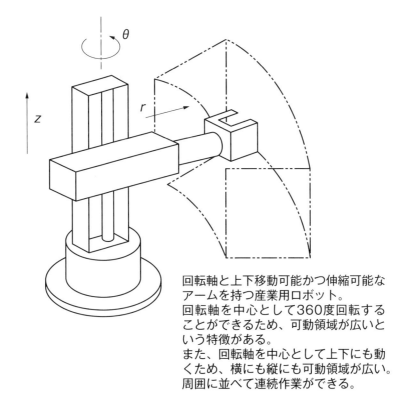

回転軸と上下移動可能かつ伸縮可能な
アームを持つ産業用ロボット。
回転軸を中心として360度回転する
ことができるため、可動領域が広いと
いう特徴がある。
また、回転軸を中心として上下にも動
くため、横にも縦にも可動領域が広い。
周囲に並べて連続作業ができる。

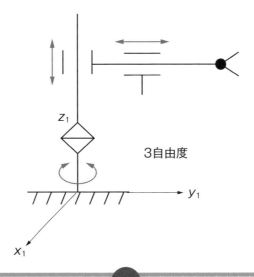

3自由度

7 産業用ロボットの特異点

　産業用ロボットは、アームや関節を持つ構造ゆえに、制御できなくなる姿勢があります。これを「特異点」といいます。特異点は、①ロボットアームが伸びきった姿勢になるとき、②２つ以上の軸（リンクとリンク）が一直線上に並んだ姿勢になるときなどに発生します。

　例えば、下図のように、２自由度の運動が１自由度に縮退※したときに、特異点は発生します。軌道上に特異点が含まれていると、ロボットは特異点の付近で、暴走（振動）したり、停止したりします。制御する際にはこれを避ける必要があります。

　特異点の問題自体をなくすことは、残念ながら構造を変える以外にありません。したがって、ロボットを使用するときには、各関節をどう動かすべきかを考える必要があります。

　「アシモ」という名のホンダ製の歩行ロボットはよく知られていますが、このロボットは、止まるときや動くときに膝を曲げています。これは、特異点を回避するゆえの姿勢です。

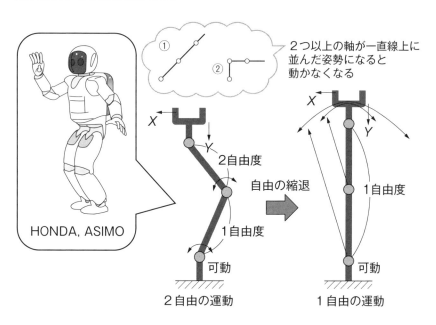

HONDA, ASIMO

２つ以上の軸が一直線上に並んだ姿勢になると動かなくなる

２自由度

自由の縮退

１自由度

可動

２自由の運動

１自由度

可動

１自由の運動

※　縮退：可動軸数が減ること（見たてとして）

042

7-1 特異点回避と運動学

　産業用ロボットの特異点（特異姿勢）は、肩、肘、手首など、さまざまな部分で発生します。したがって、関節の位置から手先の位置までの情報を得ながら、目標点までの軌道を計画したり、修正したりすることが必要です。これは「運動学」という学問からアプローチされます。

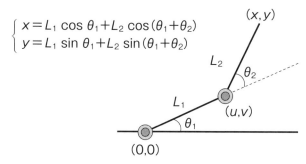

$$\begin{cases} x = L_1 \cos \theta_1 + L_2 \cos(\theta_1 + \theta_2) \\ y = L_1 \sin \theta_1 + L_2 \sin(\theta_1 + \theta_2) \end{cases}$$

　例えば、θ_2 が 0 になる（L_1、L_2 が 1 直線上になる）とき、L_2 の先端位置（x、y）を求める際の、$\sin \theta_2 = 0$ となります。つまり、θ_2 が 0° の状態になると、縦方向の位置が "0" になり、特異点が発生するので L_2 より先が可動することができず、制御が不能になります。

　回避方法としては、$\theta_2 = 0°$ にしない（関節角度をなるべく曲げておく）ことが必要になります。

　現在の産業用ロボットは、特異点近傍を通るときに関節を急激に、かつ、大きく動作させるなど、特異点回避の対策が取られているため、暴走（振動）したりすることはほとんどありません。しかし、特異点の理解は、経路を変更するときやロボットの負担の軽減などで大いに役立ちます。

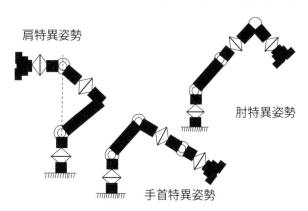

2章

産業用ロボットの種類と座標系

肩特異姿勢

肘特異姿勢

手首特異姿勢

3章

産業用ロボットの構成要素「マニピュレータ」編

1 産業用ロボットの構成要素

　産業用ロボットは、ロボット本体（マニピュレータ側）と制御装置側とに大きく分類されて構成されています。

　マニピュレータ側には、「アクチュエータ」や「センサ」などの駆動系や腕に相当する「アーム（マニピュレータ）」などの主要部品があります。また「減速機」や「機械要素部品」も欠かせません。オプションとして、取りつける手や指となる「ロボットハンド（エンドエフェクタ）」も必要です。

　一方、制御装置側には、ロボットに実際の作業と同じ動作をさせ、関節やツールの位置・角度などを記憶させる「ティーチングペンダント」や、ソフトウェアで産業用ロボットの動作用プログラムを作成する「パソコン」、転送されたデータにより、ロボットに命令を与えたり、動かしたりする「制御装置」があります。

　近年では高い通信速度や堅牢性、低遅延などの要求に応える「産業用ネットワーク」や「通信機器」も重要です。この章では、マニピュレータ側の主要部品について説明します。

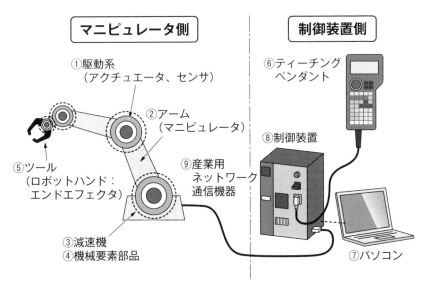

産業用ロボットの構成要素

2 産業用ロボットのアクチュエータ：動力源

　アクチュエータとは、ロボットのアーム（腕）を上下に動かしたり、回転させたりする「動力源」を意味します。産業用ロボットの動力源には、電気式・油圧式・空気圧式の３つのアクチュエータが用いられています。

　「油圧式」は、応答が速く、大きな力を出せることや外部からの衝撃に強いといった特徴があります。

　「空気圧式」は、なめらかな動作が可能で、機械部を小型化できるなどの特徴があります。

　この２つの方式はともに直動式のアクチュエータです。

　一方で、現在の産業用ロボットでは、電気式を利用した回転式の「モータ」が最も多く用いられています。その中でも、サーボモータと呼ばれる「位置」や「速度」の制御を得意とするアクチュエータは主流です。空気圧式、油圧式、電気式にはそれぞれの良さがあり、逆にデメリットもあるため、用途や目的によって使い分けられています。

表　アクチュエータの比較

	電気式	油圧式	空圧式
操作性	回転が主流 小〜中規模までのシステム 中間停止・押しつけ不可	直動が主流 中〜大規模のシステム 中間停止・押しつけ可能	直動が主流 小規模のシステム 押しつけ・停止可能
応答性	良好	良好	悪い
制御性	指示が与えられてから動き出すまでの時間が短い	動作油の圧縮性が小さいため指示が与えられてから動き出すまでの時間が短い	突き当て停止が原則 空気の圧縮性が大きいため指示が与えられてから動き出すまでの時間が長い
保守性	良好 プログラムの変更で多様な動作を達成できる	良好　高速制御可能 プログラムの変更で多様な動作を達成できる	比較的容易 ドレン・ダスト対策が必要
安全性	容易　漏電・感電に注意 DC（直流）モータはブラシがあるため、こまめなメンテナンスが必要	高圧作動油の漏れは危険 火災に注意 作動油は、質の管理と漏れ対策が必要	残圧抜き対策が必要 空気が漏れても影響なし
動作速度	高速回転時はトルクが小さくなる 速度比（速度設定）は可能、制御が容易	力（トルク）や速度（角速度）を独立・無段階かつ広範囲に調整できる	いったん動きだせば速い 速度調整可能だが、高度な制御は難しい

2-1 空気圧アクチュエータを利用した産業用ロボット

　空気圧アクチュエータを利用した産業用ロボットは、対象物を持ち上げる「ピック動作」、ある点からある点へと移動する「トラバース動作」、所定の位置に置く「プレイス動作」など、組立・搬送の用途に多く用いられています。

　空気圧アクチュエータは、直動型、揺動型、回転型に分類されます。その中で、最も多く用いられているのは直動型の「シリンダ」です。2本（または3本）の爪機構をシリンダによって比較的容易に開閉することができます。また、2地点の距離と同じ動作範囲の上下動シリンダを選定すれば、特別な位置決め装置を必要とせずに、ワークを垂直に持ち上げることができます。空気圧シリンダの推力は下式で表されています。

（空気シリンダの実際推力）$Fa = F \cdot \mu = (A \cdot P) \times \mu$

Fa：実際の推力［N］
F：理論推力［N］
P：使用圧力［MPa］
A：ピストン受圧面積［mm²］
μ：シリンダ推力効率［％］

$$F_1 = \frac{\pi}{4} D^2 \cdot P \cdot \mu$$

$$F_2 = \frac{\pi}{4} (D^2 - d^2) \cdot P \cdot \mu$$

F_1（押側）
F_2（引側）
シリンダ径φ：D
ピストンロッド径φ：d

　シリンダの推力は、シリンダ径、ピストンロッド径、使用圧力で決まります。

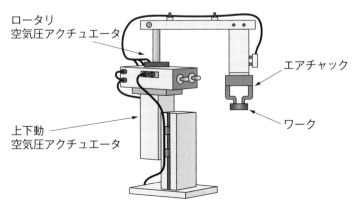

ロータリ空気圧アクチュエータ
エアチャック
上下動空気圧アクチュエータ
ワーク

空気圧アクチュエータを利用した産業用ロボット

(2-2) 油圧アクチュエータを利用した産業用ロボット

　油圧アクチュエータは、注射器のようなイメージにたとえられます。注射器は人が手で押すことで液体が押し出されますが、逆に注射器に液体を押し込めてしまえばピストンが伸びていきます。この原理を利用し、油圧ポンプで加圧された油を力に変換する動力源が油圧アクチュエータです。空気圧アクチュエータと同様に、油圧アクチュエータの中で、もっとも多く用いられているのが「シリンダ」です。油圧シリンダは、推力の調整や速度制御がしやすく、サイズに比例して大きな動力が得られるため、プレス機や工作機械、建設機械などの大型のロボットシステムに用いられています。油圧シリンダは、単動形と複動形に分類されています。

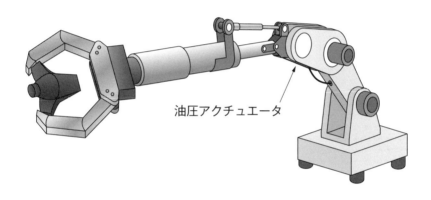

油圧アクチュエータ

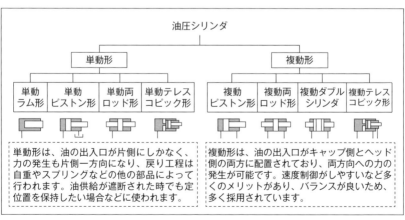

油圧アクチュエータを利用した産業用ロボット

(2-3) 電動アクチュエータを利用した産業用ロボット

　現在の産業用ロボットでは、電気の動力を利用したモータが主流です。特に「サーボモータ」は、産業用ロボットになくてはならない主要のアクチュエータです。サーボモータは、モータとエンコーダと呼ばれるセンサとが一体化した構成で高精度な制御を行い、サーボアンプとセットで使われます。サーボアンプは、エンコーダからのエンコーダ信号とコントローラからの電圧指令信号とを比較しながら、モータに適切な電力を与えて運転する機器です。サーボモータ１つに対して１つのサーボアンプが必要です。一般的に、サーボモータは、関節の軸と同数です。例えば、関節の数が６つあれば、６個のサーボモータがロボット内に、また６個のサーボアンプが制御装置に組み込まれています。

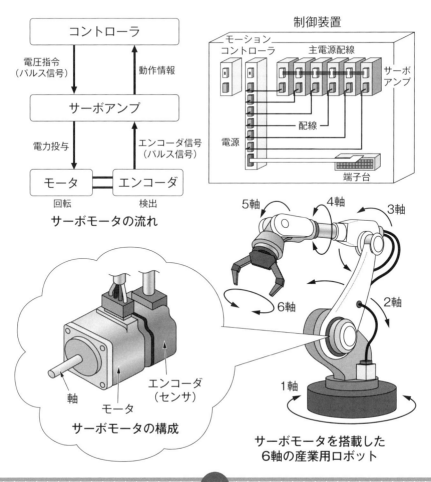

サーボモータの流れ

サーボモータの構成

サーボモータを搭載した
６軸の産業用ロボット

3 産業用ロボットのセンサ：検出器

産業用ロボットには数々のセンサが搭載されています。ここでは、産業用ロボット内部および外部に用いられているセンサについていくつか紹介します。

3-1 エンコーダ（産業用ロボットの内部）

産業用ロボットに欠かせないセンサの1つがエンコーダです。エンコーダはサーボモータの回転速度や回転角度を検出するためのセンサです。回転速度が遅ければモータを速く回させ、速ければ遅くなるように"エンコーダの情報を元"にモータを動かします。エンコーダの性能は、産業用ロボットの性能や位置決め精度を決める重要な要素です。

ロボットに多く採用されているエンコーダは、光学式（透過型）というもので、エンコーダディスクと呼ばれる穴（スリット）の開いた回転円盤がモータ軸に取り付けられています。回転円盤をまたぐようにして、フォトICを配置し、赤外線を発信させます。赤外線の光が穴を通過したら「1」、通過しない場合は、「0」というように数え、これをパルス信号（エンコーダ信号）に変換してサーボアンプへ出力します。「0と1」によるパルス信号の情報量で、モータの回転速度や回転角がわかるという仕組みです。

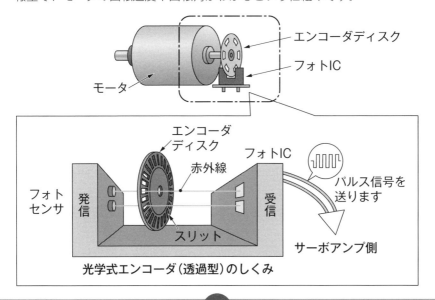

光学式エンコーダ（透過型）のしくみ

3-2 ビジョンセンサ（産業用ロボットの外部）

　ビジョンセンサは、その名の通り、ビジョン（カメラによる撮像からデータ認識まで）を行うセンサです。カメラで対象物を「非接触」で検出し、状態や位置ずれなどを算出して産業用ロボットの動きを補正したり、正確な位置に導くアライメントを行ったりします。

　ビジョンセンサには、2次元と3次元の検出方法があります。2次元方式は、ディジタルカメラの仕組みと同じで、レンズを通して撮像した対象物をデータとして取り込みます。その後、用意しておいた基本のデータと照らし合わせて、ずれた分の結果を出力します。主に部品のピッキングの検出や検査などに利用されています。3次元方式は、レーザを発した三角法によって、3次元位置（縦、横、高さ、および傾き）を取得し、立体的に検出します。乱雑に積まれた部品を撮影して、順次に取り出すバラ積みピッキングや外観検査などに使用されています。

　ビジョンセンサは、一般的にオプションで取り付けるものです。産業用ロボットとビジョンセンサのメーカーが異なる場合などでは、連携（マッチング）がとれないなどのトラブルに至る場合があります。また、必要な機能を全て組み込んだ一体型ビジョンセンサもあれば、画像解析ソフトが別途必要な場合もあるため、つき合わせの確認が必要です。

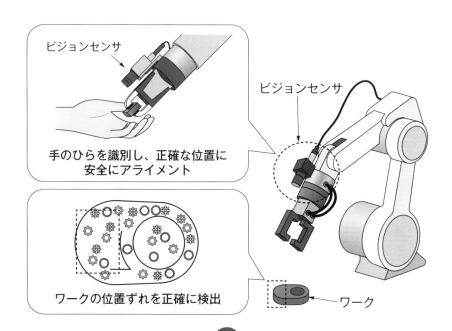

ビジョンセンサ

手のひらを識別し、正確な位置に
安全にアライメント

ワークの位置ずれを正確に検出

ビジョンセンサ

ワーク

(3-3) 力覚センサ（産業用ロボットの内部）

　力覚センサは、直接対象物に「接触」しながら、複数方向の力やモーメントを同時にリアルタイムで検出できるセンサです。高い精度が求められる作業や力加減が必要な繊細な作業を行うときに利用されます。

　産業用ロボットでは、一般的に手首部分とエンドエフェクタとの間に取り付けられ、外力や反力を検出します。その検出に、最も多く用いられているのが「ひずみゲージ式」です。手首の部分に、梁や板ばねなどのひずみやすい構造を設け、そこにひずみゲージというセンサを張って受ける力を検出します。また、ノイズに強く、応答性に優れた水晶振動子を用いた力覚センサも活用されています。

　力覚センサを用いれば、ロボットに人の手のような感覚を持たせることができます。例えば、凹凸をはめ込む精密作業やギアなどの位相合わせ、部材面に沿って動かすならい作業やバリ取りなどの仕上げ、品種判別なども可能です。

　力覚センサは、オプションです。作業にどの程度の負荷が加わるのか、また、どの程度の繊細さが必要なのかを検討し、センサの定格荷重や分解能といった仕様と照らし合わせて選びます。

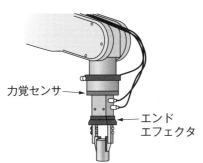

力覚センサ
エンドエフェクタ

手首とエンドエフェクタの間にある
力覚センサ

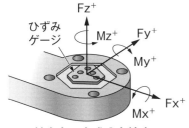

ひずみゲージ

Fz^+
Mz^+
Fy^+
My^+
Fx^+
Mx^+

３軸方向の力成分を検出

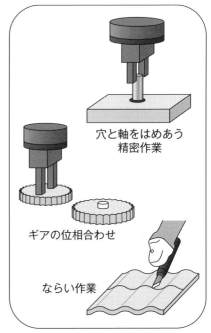

穴と軸をはめあう
精密作業

ギアの位相合わせ

ならい作業

力加減が必要な作業では必須

コンベヤトラッキング

　コンベヤトラッキングとは、コンベヤの移動距離、速度を知るためのセンサをロボットに取り付けて、コンベヤの速度と同じ速度でロボットを動作させること（同期）をいいます。産業用ロボットで、「トラッキング」は追従という意味で使用され、「追従システム」と呼ばれています。

　コンベヤトラッキングには、2つの方式があります。1つは、ガイドを設けて製品が動く方向を制限しながらセンサの前を横切ったときにロボットにワークをとらせる「センサトラッキング」と、もう1つは、上からビジョンカメラで見ながら位置を把握してワークをとらせる「ビジョントラッキング」です。

追従システムでは、エンコーダでカウントしはじめるタイミングをとり、ビジョンカメラで撮像するためのタイミングを図る「トリガー用センサ」が必要になります。

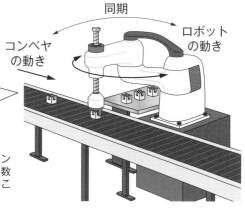

ロボットの演算能力が低いと、コンベヤの速度が速い場合やワークの数が多い場合に追従しきれず、取りこぼしが発生するので注意

追従システム

センサトラッキング

　任意の間隔で一直線に並んで運ばれてくるワークをピックアップするような場合に使用します。ワークの位置を事前に登録し、センサの前をワークが横切ったときの信号で、そのワークがどこに流れてくるかを逐次計算してロボットに追従させます。

ビジョントラッキング

　任意の位置と姿勢で置かれて運ばれてくるワークをピックアップする場合に使用します。ビジョンセンサが画像認識でワークを検出したときの信号をトリガにする方式です。トリガが入る度に画像認識で検出したワークの位置・姿勢を登録し、そのワークがどこに流れてくるかを逐次計算してロボットに追従させます。

4 ロボットアーム：マニピュレータ

　マニピュレータとは、Manipulate（操作する）の派生語です。産業用ロボットの多くは、ロボットアームで構成されています。アームは、人間の腕の部分に相当するものです。肘や肩などの自由に曲がる関節部分を「ジョイント」、その間をつなぐ骨の部分を「リンク」といいます。ジョイントを動かしてリンクで力を伝えるというのがマニピュレータの基本です。リンクやジョイントを動かすためには、アクチュエータやエンコーダ、減速機などが必要です。

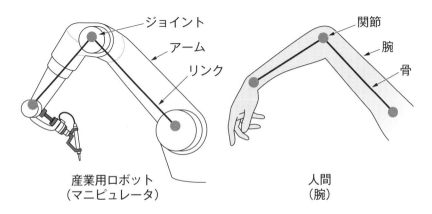

産業用ロボット
（マニピュレータ）

人間
（腕）

4-1 ジョイント

　産業用ロボットでは、自由にアームを曲げたり、伸縮したりする関節部分をジョイントといいます。ジョイントの構造は、「直動」と「回転」と大きく２つに分類されています。直動は、リンクを回転させることなく、一方向に伸縮（スライド）させる関節のことです。

　回転は、１つの軸を中心にしてリンクを回転させる関節のことです。別名「ねじり関節」ともいいます。また、回転関節には、人間の股関節や肩関節のような球面で接する「ボールジョイント」などもあります。

　それぞれの特徴を次ページに示します。

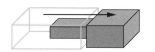
直動ジョイント

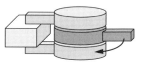
回転ジョイント

ボール
ジョイント

	剛性	制御	占有空間	作業領域	保守
回転ジョイント	劣	劣	優	優	優
直進ジョイント	優	優	劣	劣	劣

(4-2) リンク

　ジョイントの間をつなぐ骨の部分をリンクと呼びます。リンクは、「シリアルリンク」と「パラレルリンク」の2つの種類があります。シリアルリンクは、ロボットの土台から、先端までジョイントとリンクが直列に並んでいる機構です。パラレルリンクはロボットの土台から先端まで複数のジョイントとリンクが並列して連結され、複数のアクチュエータで駆動しながらエンドエフェクタの位置・姿勢を変化させます。並列機構と直列機構が混在するハイブリッド型のリンク機構もあります。

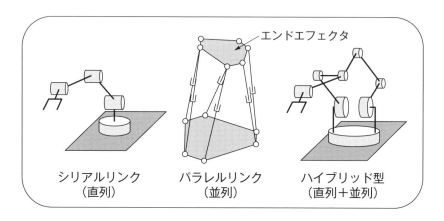
エンドエフェクタ

シリアルリンク（直列）　　パラレルリンク（並列）　　ハイブリッド型（直列＋並列）

(4-3) ロボットの運動学

ロボットハンドでワークを掴み、手先を目標の位置まで動かしたいときには、各関節の角度をそれぞれ何度にすればよいか、各関節を動かすと手先はどう動くかなどを考えなければなりません。これは「運動学」という計算で求めることができます。

運動学とは、各関節の値が与えられたとき、その値から手先の位置と姿勢（直交座標系）を算出する方法で、「キネマティクス」と呼ばれています。

運動学の計算には、ロボットの各関節（下図の θ_S、θ_L、θ_U、θ_R、θ_B、θ_T）から手先の位置姿勢 P (x, y, z, R_X, R_Y, R_Z) を求める「順運動学計算」と、手先の位置姿勢からロボットの各関節角を求める計算「逆運動学計算」があります。順運動学はマニピュレータの関節角度（θ_1、θ_2）がわかっているときに、エンドエフェクタの位置・姿勢を求める方式です。ロボットコントローラで、ロボットの先端を平行に動かしたり、回転動作をさせたりできるのは、sin や cos などの関数を使って計算を行っているからです。

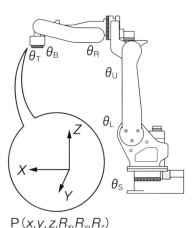

P (x, y, z, R_x, R_y, R_z)

2自由度マニュピュレータのモデル

順運動学（順キネ） 関節角度→手先位置・姿勢	逆運動学（逆キネ） 手先位置・姿勢→関節角度

$$x_e = l_1 \cos \theta_1 + l_2 \cos(\theta_1 + \theta_2)$$
$$y_e = l_1 \sin \theta_1 + l_2 \sin(\theta_1 + \theta_2)$$

$$\theta_2 = \pm\left(\pi - \cos^{-1}\left(\frac{l_1{}^2 + l_2{}^2 - x_e{}^2 - y_e{}^2}{2 l_1 l_2}\right)\right)$$
$$\theta_1 = \tan^{-1}\left(\frac{y_e}{x_e}\right) \mu \cos^{-1}\left(\frac{l_1{}^2 + x_e{}^2 + y_e{}^2 - l_2{}^2}{2 l_1 \sqrt{x_e{}^2 + y_e{}^2}}\right)$$

3章　産業用ロボットの構成要素「マニピュレータ」編

5 ロボットハンド：エンドエフェクタ

　ロボットアームの先端に取り付けられる手先の部分、すなわち、ロボットハンドは、「エンドエフェクタ」と呼ばれています。人間の手のように、つかむ、回す、などのハンドリング作業を行います。

　対象物をつかむ方式は、人間の指や爪を模倣した構造でクランプしたり、チャックしたりする「把持型」と、エアーによる真空吸着や磁石によってものをつかむ「吸着型」の２つのタイプがあります。

　ロボットハンドの設計は、可動範囲、作業のしやすさ、位置決めの分解能（誤差）、力・速度の出しやすさ、干渉など、対象物の状態や使う環境に合わせて、専用に設計されるものです。

把持型

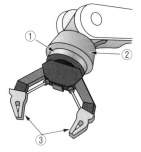

吸着型

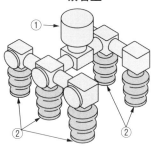

①回転部　②アクチュエータ　③爪または指　　①回転部　②吸着部（エアーまたは磁石）

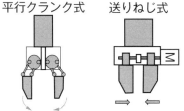

条件		把持型 （指や爪）	吸着型	
			エアー	磁石
対象物	質量	軽量～重量まで	軽量向き	軽量向き
	形状	自在	自在	限られる
	個数	少ない	多い	多い
	硬度	硬いもの向き	万能	硬いもの向き
環境	保守性	優れる	目詰まり、摩耗に注意	汚れ、経年弱磁に注意
	搬送スピード	優れる（高速）	劣る	劣る

5-1　ロボットハンドの設計は、「拘束」が鍵

　人間は無意識にものをつかみ、にぎることができますが、ロボットにとっては簡単なことではありません。掴ませる対象物（ワーク）がどのようなものかを理解させる必要があります。そのためには、ワークの形や硬さ、厚みなどの諸条件を細かく明らかにし、ワークの「拘束」について考えます。

　拘束とは物体の固定方法のことで、ハンドが取り扱う範囲を限定することです。拘束内容にはワークの条件と作業の条件があります。拘束の仕方次第では異なる動作結果になってしまうため、ハンドの設計では重要です。ハンドがワークに接触した状態、作業空間中でワークを包絡している状態、作業を終えるまでの状態を考慮しながら、設計条件を絞り込みます。

	拘束内容	条件
ワークの条件	基本形状	丸棒、平板、角棒、立方、球体など
	部分形状	突起、切欠き、穴、溝、凹凸、ひっかけなど
	基本寸法	直径、全高、全幅、全長、厚みなど
	重量	全重量、重心、密度、重量分布
	変形特性	柔軟性、剛性、ばね係数、可塑性など
	損傷性	脆性、傷つきやすさ、分解性など
	安定性	滑りやすさ、転がりやすさ、倒れやすさなど
	特殊性	危険性、温度（高低）特性、磁性、付着性など
作業の条件	物体の置かれている状態	平面、斜面、溝面、くぼみ面、円筒面など
	置かれている位置と姿勢	規定、不確定、精度、方向性など
	物体の分布性	1個置き、多数整列、バラ積みなど
	作業空間の大きさ	サイズ（高さ、幅、奥行き）、開口角、先鋭角など
	作業空間の障害	障害物の有無、障害物の移動や変動など
	雰囲気環境	温度（極低温・高温）、湿度、水中、ガス中、電磁界など

ロボットハンドの設計
「押し付け力」と「押し上げ力」

　ロボットハンドの設計では、左右方向の押し付け力や上下方向の押し上げ力の理解が求められます。ここでは、手先の先端にハンドを垂直に取り付け、ばねの力で対象物をつかむエアチャックの事例で、必要な「押し付け力」と「押し上げ力」を求めてみましょう。

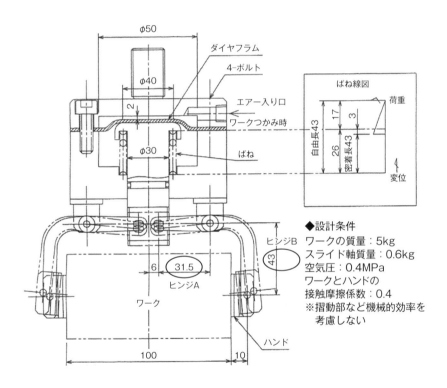

◆設計条件
ワークの質量：5kg
スライド軸質量：0.6kg
空気圧：0.4MPa
ワークとハンドの
接触摩擦係数：0.4
※摺動部など機械的効率を
　考慮しない

◆必要な押し付け力（P）は？

$$P = \frac{ワークの質量}{接触摩擦係数} \times 重力$$

$$= \frac{5}{0.4} \times 9.8$$

$$= 122.5 \ [\text{N}]$$

◆必要な押し上げ力（F）は？

$$F = \frac{ヒンジB}{ヒンジA} \times 2 + (重力 \times スライド軸質量)$$

$$= 122.5 \times \frac{43}{31.5} \times 2 + (9.8 \times 0.6)$$

$$= 334.4 + 5.9$$

$$= 340 \ [\text{N}]$$

6 減速機

産業用ロボットで欠かせない部品の1つが「減速機」です。減速機とは、歯車の組み合わせのことで、産業用ロボットでは、速度を減速する代わりに大きな力を出すことを目的に用いられます。モータと組み合わせることで小さなモータでも大きな力を得られるのが特徴です。

現在の産業用ロボットには、駆動トルクを増大させる「ハーモニックドライブ（波動歯車機構）」や「RV減速機（遊星歯車機構）」と呼ばれる減速機、また「サイクロイド歯車機構」が採用されています。減速機の精度はマニピュレータの動作精度、ひいては、ロボットシステム全体の性能までも左右します。

特に、減速機には、「バックラッシ」と呼ばれる「遊び（隙間）」があります。通常、歯と歯を組み合わせるとき、大なり小なり遊びがあることで滑らかに回転することができます。しかし、隙間があれば、ガタつきや振動を発生し、ロボットの精度や再現性を著しく悪くします。

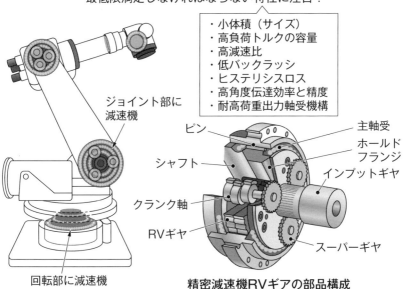

産業用ロボットで用いられる減速機で、
最低限満足しなければならない特性に注目！

- 小体積（サイズ）
- 高負荷トルクの容量
- 高減速比
- 低バックラッシ
- ヒステリシスロス
- 高角度伝達効率と精度
- 耐高荷重出力軸受機構

ジョイント部に
減速機

回転部に減速機

ピン
シャフト
クランク軸
RVギヤ
主軸受
ホールド
フランジ
インプットギヤ
スーパーギヤ

精密減速機RVギアの部品構成

6-1　遊星歯車機構（RV減速機）

　遊星歯車機構は、太陽のまわりを惑星が回転するような歯車機構です。太陽歯車を中心に固定され、遊星キャリヤが自転しつつ、内歯車を回転させます。別名、RV減速機といいます。RV減速機は、機構の特徴を表すベクトル（＝力）が回転（ロータ）することに由来し、ロータ・ベクター（RV）と名づけられました。かつてロボットが抱えていた衝突時の減速機破損問題や、ロボット動作時の振動問題を解決するために誕生した減速機でもあります。歯元が太く丈夫で、折損の問題がなく、内歯歯車（ピン歯車）と外歯歯車（トロコイド歯車）の同時かみ合い数が多く、衝撃に強いなどの多くの特徴があります。

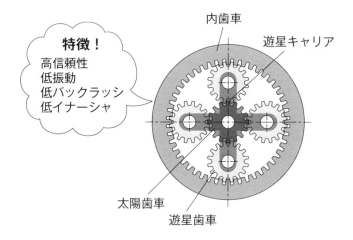

特徴！
高信頼性
低振動
低バックラッシ
低イナーシャ

内歯車
遊星キャリア
太陽歯車
遊星歯車

6-2　波動歯車機構（ハーモニックドライブ）

　波動歯車機構は、別名、「ハーモニックドライブ」と呼ばれています。楕円と真円の差動を利用した減速機構です。ハーモニックドライブは、わずか３点の基本部品（ウェーブ・ジェネレータ/フレクスプライン/サーキュラ・スプライン）から構成されています。なんといっても、歯車特有のバックラッシがないというのが大きな特徴です。また、一段同軸上で、1/30〜1/320という高減速比も得られます。複雑な機構や構造を用いることなく、歯のかみ合いの周速が低いこと、力のバランスがとれていること、静粛運転であり、かつ、振動もきわめて小さいため、多くの産業用ロボットに利用されています。

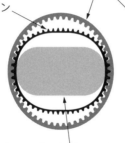

フレクスプライン
薄肉カップ状の金属弾性体の部品。開口部外周に歯が刻まれています。フレクスプラインの底（カップ状底部）をダイヤフラムと呼び、通常、出力軸に取り付けます。

サーキュラ・スプライン
剛体リング状の部品。内周に歯が刻まれており、フレクスプラインより歯数が2枚多くなっています。一般にはケーシングに固定されます。

ウェーブ・ジェネレータ
楕円状カムの外周に、薄肉のボール・ベアリングをはめた部分。ベアリングの内輪は、カムに固定されていますが、外輪はボールを介して弾性変形します。一般的には入力軸に取り付けます。

(6-3) サイクロイド歯車機構

　サイクロイド歯車機構は、6-1と6-2に加え、円弧歯形にローラを装着された機構です。ローラによって滑り接触から転がり接触に変換されるので、機械的損失は非常に小さく高効率で、剛性が高く、耐衝撃性に優れるなどの特徴があります。また、コンパクトで薄型設計です。

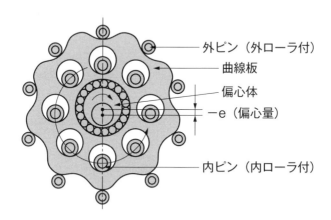

外ピン（外ローラ付）
曲線板
偏心体
－e（偏心量）
内ピン（内ローラ付）

　産業用ロボットでは、バックラッシが小さいほど、動作精度に優れた機構といえます。減速機は、運転頻度や使い方によって状態が変わりやすいため、定期的な点検やメンテナンスが必要です。

産業用ロボットに用いられる歯車の特徴

　産業用ロボットは、遊星歯車、波動歯車、サイクロイド歯車などの減速機のいずれかを採用していることが多いのが特徴です。ロボットの動作は、加速・減速を繰り返し、非常事態や干渉を回避すると急停止による衝撃が作用します。したがってロボットには、加減速トルク、衝撃トルクが考慮され、ロボットの性能を満足する減速機が搭載されています。

表　各減速機の比較

減速機構	減速比	トルク容量	伝達効率	許容回転数	ロボット用途	特徴
遊星歯車機構	1/4〜1/100	小	高	高	パラレルロボット 水平多関節	減速比が低い
波動歯車機構	1/30〜1/200	大	中	中	小型の垂直多関節 中型の垂直多関節の先端 水平多関節	ノンバックラッシ 高コスト
サイクロイド歯車機構	1/60〜1/200	大	低	低	大型垂直多関節 中型の垂直多関節の3軸用	高コスト

表　主要なロボットと採用減速機

ロボットの機構	採用減速機
垂直多関節（大型）	サイクロイド減速機
垂直多関節（中型）	サイクロイド減速機・波動歯車装置
垂直多関節（小型）	波動歯車装置
水平多関節	波動歯車装置・遊星歯車装置
パラレルメカニズム	遊星歯車装置

7 機械要素部品

産業用ロボットに機械要素部品は欠かせません。機械要素には、ねじやばねといった小さな部品から、クラッチやブレーキなど駆動に必要な部品まで、さまざまにあります。一般的に機械要素は、多くの機械にとって共通の部品を指します。機械要素は、その用途・機能によって、以下の（1）〜（5）に分けられています。特に産業用ロボットでは、力や速度を与えて動かすため、（2）の動力伝達要素は欠かせないものです。

> （1）結合要素
> （2）動力伝達要素
> （3）動力制御要素
> （4）流体伝導要素
> （5）潤滑要素

7-1 動力伝達要素

産業用ロボットでは、力や速度をどのように伝達させるかという動力伝達要素（伝達機構）が必要です。伝達機構の部品は、大きく2種類に分類でき、主要な要素は5つあります。

まず、「運動を素直に伝えるのが得意」な部品として、**歯車、ベルト・プーリ、チェーン・スプロケット**の3要素があります。続いて、「運動を別の運動に変えながら伝えるのが得意」な部品として、**カム**と**リンク**の2要素があります。①〜④の要求事項をそれぞれ考慮して選びます。

> **要求事項**
> ①速度・方向を変えて運動を伝えたい
> 　（例：右回転→左回転、水平方向→垂直方向）
> ②力の大きさを変えて運動を伝えたい
> 　（例：小さい力→任意の力　）
> ③離れた位置に運動を伝えたい
> 　（例：短距離→長距離）
> ④運動を別の運動に変えて伝えたい
> 　（例：回転運動→直線運動）

リンク機構	カム機構	ギヤ（歯車）

回転ジョイント		
リンク同士の組み合わせ方次第で、シンプルながらもさまざまな運動を作るのが得意。回転→直線はお手のもの	意図した速度・加速度・変位を満たす運動を作るのが得意。サーボモータは、カム機構の機能を取り入れた動力源	減速・加速など力や速度を操るほか、回転方向の変更など、動力を多様に変換し伝達するのが得意。機械には必須のアイテム

スプロケット/ローラーチェーン	プーリ/ベルト
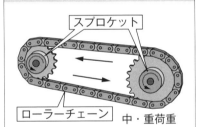	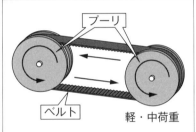
スプロケット ／ ローラーチェーン 中・重荷重	プーリ ／ ベルト 軽・中荷重
離れた位置に力や速度を伝えるのが得意 長寿命	離れた位置に力や速度を伝えるのが得意 安価で静粛性に優れている

(7-2) 産業用ロボットのパラメータ

　産業用ロボットは、数多くの機械要素や機構で構成されているため、組合わせのときに必要な以下の項目は押さえておく必要があります。

①自由度　　　　　　　　　　　⑥アクチュエータ（モータ）
②関節の種類とその構成　　　　⑦モータの数と配置
③アーム長・オフセット　　　　⑧減速機と減速比
④アームの太さ　　　　　　　　⑨その他の機械要素
⑤動力伝達機構

8 ロボット本体のメンテナンス

　産業用ロボットを長期間稼働すると部品が経年劣化し、当初の機能が維持できなくなったり、故障につながることがあります。一般的にロボットの稼働中は、人が近づくことができないため、部品の劣化や寿命などの故障要因を見つけることは難しいものです。トラブルを未然に防止し、安定稼働を目指すには、日頃からロボットの状態を把握し、必要なタイミングで消耗部品の交換やメンテナンスを行うことが重要です。メンテナンスが必要なものには、モータ（センサ）、ベルト、ベアリング、バッテリ、制御基板などがありますが、特にロボット本体で気にかけておくべき消耗部品は、エンコーダと減速機（グリスなどの周辺の部品）です。

※産業用ロボットを活用するための6カ条
（1）ロボットに使用している部品の状態を知っておく
（2）稼動状態から壊れやすい部品を抽出しておく
（3）必要によって予備部品を在庫する
（4）故障する前に部品を交換する
（5）故障した場合に迅速に復旧する
（6）計画的にメンテナンスを行う

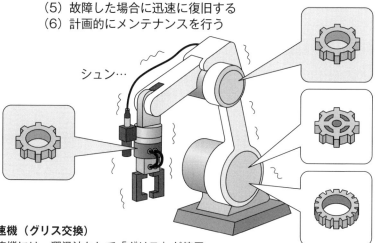

シュン…

減速機（グリス交換）
減速機には、潤滑油として「グリス」が使用されています。グリスは、使用年数が増すごとに、酸化や鉄粉が混じり劣化が進みます。劣化したグリスのまま、ロボットを使い続けると、減速機だけでなくモータなど他の部品の劣化も早め、結果的にロボット自体を痛めてしまいます。グリス交換時期を確認し、その都度交換するようにしましょう。

減速機（ガタチェック）
減速機にガタがあると、ロボットの手先の位置がずれたり、振動の発生原因となってコントロールに支障をきたします。
異音やガタなどの動作チェックはこまめに行いましょう。

4章

産業用ロボットの構成要素 「制御装置とコントローラ」編

制御装置とコントローラの構成

　産業用ロボットには、動作を実行するための作業プログラムを記録・演算をする「制御装置」や、ロボットに動作の順番などを教示したり自動運転を指示する「コントローラ」が必要です。制御装置は主に、CPU（演算）ユニット、サーボユニット、電源ユニットなどで構成されています。一方、コントローラには、ティーチングペンダントの他、外部と通信しながら複雑な動きを指令できる外部機器などがあります。

　外部機器の代表的な装置には、PLC（プログラマブルロジックコントローラ）があげられます。PLC と制御装置を接続し、PLC を司令塔としてロボットシステム全体を運用することができます。

　人とロボットとの間でデータの入出力を行うためのハードウェアやソフトウェアを「ユーザーインターフェース（U/I）」といいます。ティーチングペンダントは、これにあたります。また、エンドエフェクタを取り付ける面は「メカニカルインターフェース」と呼ばれています。

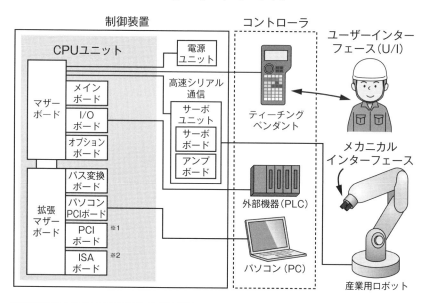

※ 1　PCI ボードとは、拡張ボードと呼ばれ、パソコンに接続して使用できる機能を拡張することができます。
※ 2　ISA バスとは、コンピュータ内部で拡張カードなどを接続する共用のデータ伝送路（バス）規格のことです。

2 教示（ティーチング）

　産業用ロボットを動かすには、ロボットに「どういう条件のときに、どういう順番で、またどういう姿勢で動かすか」といったことを教え込むための教示（ティーチング）が必要です。教示の定義は、労働安全衛生規則第36条（第31条）に明記されています。

　教示には危険が伴うため、誰もが行えるというわけではなく、所定の教育を受けた作業者によって行われます。

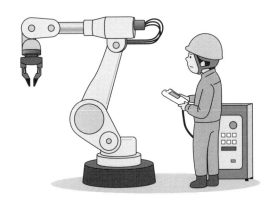

教示とは
労働安全衛生規則第36条（第31条）より

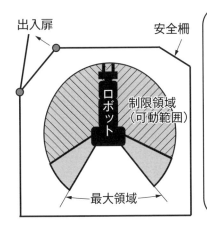

産業用ロボットの**可動範囲**
　（記憶装置の情報に基づきマニプレータその他の産業用ロボットの各部の動くことのできる**最大の範囲**をいう。以下同じ）内において当該産業用ロボットについて行うマニプレータの
　・動作の順序
　・位置もしくは速度の設定
　・変更もしくは確認
を「教示等」という。
　（産業用ロボットの駆動源を遮断して行うものを除く。）

（2-1） 作業プログラムの作成

　教示（ティーチング）では、まず、動作のプログラムをティーチングペンダントやパソコンを用いて作成し、次に、そのデータを制御装置に送って産業用ロボットを動かします。教示には、現場でロボットを直接動かしながら（遠隔で操作しながら）行う「オンラインティーチング」と、コンピュータ内におさめた専用のソフトウェアでプログラムを作成し、それをロボットに間接的に転送して動かす「オフラインティーチング」の2つの方法があります。

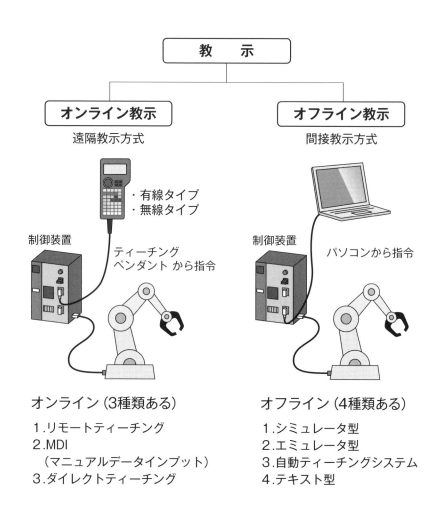

教　示

オンライン教示
遠隔教示方式

・有線タイプ
・無線タイプ

制御装置

ティーチング
ペンダント から指令

オンライン（3種類ある）

1.リモートティーチング
2.MDI
　（マニュアルデータインプット）
3.ダイレクトティーチング

オフライン教示
間接教示方式

制御装置

パソコンから指令

オフライン（4種類ある）

1.シミュレータ型
2.エミュレータ型
3.自動ティーチングシステム
4.テキスト型

(2-2) オンラインティーチング方式

　オンラインティーチングは、「ティーチングペンダント」と呼ばれる専用のコントローラで、ロボットを実際に動作させながら教示します。作業プログラムを制御装置に記録して、プレーバック（再生）することによって作業させることから、「プレイバック方式」と呼ばれています。オンラインティーチングには、リモートティーチング、MDI（マニュアルデータインプット）、ダイレクトティーチングの３つの方法があります。一般的に協働ロボットでは、ダイレクトティーチングが採用されています。

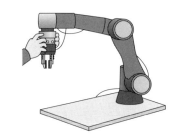

ダイレクトティーチングの例

オンラインティーチング

リモートティーチング

リモートティーチングは、遠隔教示方式と呼ばれています。ティーチングペンダントを「サーボオン」の状態にし、移動キーを押すこと（リモート操作）で希望の位置にアームを移動させて、教示していきます。教示方法の中では、精度の高い教示ができるという利点があります。

MDI（マニュアルデータインプット）

MDI（マニュアルデータインプット）は、ティーチングペンダントの表示に従って希望する座標値を数値入力（データ設定器のテンキーから直接ポジションデータを入力する）方法です。MDIは、ロボットの位置姿勢を表す数値を直接入力するため、ロボットと周辺機器の位置がわかっている場合に採用されます。

ダイレクトティーチング

ダイレクトティーチングは、直接教示方式と呼ばれています。作業者が産業用ロボットのアームを手で持ち、そのアームを直接手で動かすことで、動作を教示する方法です。他のティーチングとは異なり、不慣れな作業者でも、座標やベクトル系のパラメータを意識せずに、ロボット教示を行えます。

2-3 オフラインティーチング

　ロボットに直接触れずに、パソコンから動作プログラムを作り、制御装置にデータを転送して実行させる方式があります。これをオフライン方式といいます。

　オフラインティーチングでは、専用のソフトウェアが必要になります。3DCADデータとその情報を元に作成されたプログラムデータから、ロボットの動作を自動的に生成、シミュレーションできるため、産業用ロボットが近くにない状態（あるいは電源OFFの状態）でも教示できるというメリットがあります。また、オンラインティーチングの実施中は、工場のライン自体をストップする必要があり、その損失が懸念されますが、オフラインティーチングでは、生産ラインの停止を避けることができます。一方で、CADをはじめ、ソフトを使いこなすためのスキル習得にある程度の時間と理解が求められます。

◆オフラインティーチングの注意事項

　一般的に、3DCADから作成されたティーチングのプログラムはそのまま使うことができず、「姿勢や位置の調整」「障害物の回避」「キャリブレーション（位置補正）」などが必要になります。特にキャリブレーションでは、「ロボットの設置ずれ」「ワークの位置ずれ」「ワーク寸法ずれ」など複数の要素が混在しているため、調整には多くの時間を要します。最近では、こうした問題を解決したソフトも提供されています。

(2-4) オフラインティーチングの方式

　オフラインティーチングには、「シミュレータ型」「エミュレータ型」「自動ティーチング型」「テキスト型」の4つの方式があります。実際の現場では「自動ティーチング型」を除く3つの方式が主に採用されています。それぞれ、用途に応じて使い分けられています。

オフラインティーチング

シミュレータ型

シミュレータ型は、パソコンとロボットとの間で動作プログラムや座標などのデータ送受信ができます。座標の逆変換（目標値をある座標系から別の座標系へと変換）や3D画面表示と3Dモデル作成機能などの環境が整っています。また、スクリプト言語（人間が読み書きできる言語）のプログラムを、コンパイル言語（機械が読める言語）に変換するコンパイラも異なるメーカーに対応できるような仕様となっています。

エミュレータ型

コンパイル言語への変換が不要で、スクリプト言語を直接実行できるため、多くのロボットで採用されています。事前に、制御装置をエミュレート（疑似環境で動作検証）を用いて、ロボットの位置や姿勢を計算できるため、プログラム精度が高いというメリットがあります。ただし、作成されたプログラムはそのメーカーのロボットでしか使えません。

自動ティーチング型

CADで作成した2Dおよび3Dデータと、その情報をもとに作成された新たなデータを用いて、動作プログラムを自動的に作成します。本来はCAMに対して入力する情報を、産業用ロボットに応用しています。複雑な制御を必要とするロボットの自動ティーチングは技術的に難易度が高く、実際の現場ではあまり採用されていません。

テキスト型

テキストエディタで動作プログラムを直接作成します。垂直多関節型ロボットのように複雑な動きをするロボットのプログラム作成からパレタイジング（積み下ろし）や搬送などの簡単な作業のプログラムまで、広範囲に採用されています。

3 ティーチングペンダント

　ティーチングペンダントは、「教示操作盤」と呼ばれており、産業用ロボットが置かれた現場で、作業動作を遠隔操作で操作するときに用います。したがって、ティーチングペンダントで教示を行う場合は、産業用ロボットが決められた場所に納入されていることが前提となります。

3-1 ティーチングペンダントの特徴

　ティーチングペンダントの特徴は、随所に動作制限をかける機器が設けられていることです。一般的に、どのティーチングペンダントにも「イネーブルスイッチ（デッドマンスイッチ）」と呼ばれる安全機器が装備されています。教示者が意思を持ってイネーブルスイッチを操作することで、ロボット側に手動運転を許可させ、人に危険が迫った場合には、とっさに電源供給を取り消すことで、ロボットの動きを停止できる目的があります。教示者が正しくイネーブルスイッチを握っていないと、産業用ロボットに電源が供給されないような仕組みになっています。また、意図しない不意の作動を防止するために、赤く大きな「非常停止ボタン」も装備されています。

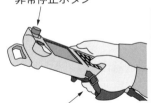

非常停止ボタン

イネーブルスイッチを握り
ながら操作するのが通常

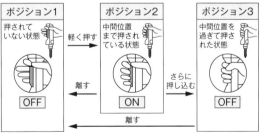

OFF-ON-OFFの3ポジション

ポジション1		ポジション2		ポジション3
押されて いない状態	軽く押す	中間位置まで押されている状態	さらに押し込む	中間位置を過ぎて押された状態
OFF	離す	ON	離す	OFF

イネーブルスイッチが中間位置（ポジション2）にあるときにロボットは動作します。
人間が危険を感じてスイッチを放したり（ポジション1）、慌てて強く押さえたとき（ポジション3）には、ロボットの電源供給を切って停止させ、安全を確保します。

(3-2) ティーチングペンダントの機能

　ティーチングペンダントに搭載される基本機能について紹介します。主な機能には、表示盤、動作軸キー、非常停止ボタン、イネーブルスイッチなどがあります。いずれも人間工学に基づいて、軽量で操作しやすいように設計されています。

ティーチングペンダント（**表**）

表示盤

入力情報メニューやロボットのティーチングの記録、異常時のエラーメッセージなど、ロボットのコンディションを表示するディスプレイです。表示盤を見ながらロボットの各種設定、速度や加速度、位置データや作業データを入力したり修正したりします。

非常停止ボタン

ティーチング中にロボットが想定外の動作を起こし、アクシデントに発展しそうな場合に押すのが非常停止ボタンです。
事故を防ぐための大事な機能なので、どのティーチングペンダントにも赤色で大きく目立つボタンが配置されています。

動作軸キー

ロボットの細かい動きを指示するキーです。左右・前後・上下の基本3軸に加え、曲げ・ひねり・回転の手首3軸、さらには動きの方向を制御する「＋」と「－」にそれぞれ対応するボタンキーです。イネーブルスイッチを押しながら、この動作軸キーを押してロボットを操作します。

ティーチングペンダント（**裏**）

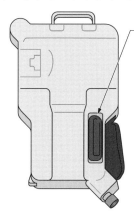

イネーブルスイッチ

本体機器の裏側にある安全装置にあたるスイッチです。

スイッチを押してイネーブル（enable＝操作可能）状態にしてから、ロボットの軸操作を行います。強く押す、または、完全に離すことで電源が遮断され、ロボットが停止する仕組みです。

(3-3) ティーチングペンダントの種類

　ティーチングペンダントは、サイズや機能によっていろいろな種類があり、「有線タイプ」と「無線タイプ」とに分類されています。有線タイプは、多関節型ロボットなどで用いられており、小型、中型などサイズも豊富です。無線タイプの代表的なものにはタブレットがあり、協働ロボットで多く採用されています。タブレットは、画面サイズが大きく、動画や写真など一度に多くの情報を表示できるGUI（グラフィカル・ユーザー・インターフェース）を用いています。また、コマンド、パラメータ、機能、プログラムなどをわかりやすく入力できます。ティーチングでは、ISO12100（JIS B9700）をはじめとする機械安全規格によって、イネーブルスイッチの搭載が義務づけられていることから、タブレットに対しても取り付けが必要です。ただし、リスクアセスメントが十分であり、法令に基づいたタブレットについては、この限りではありません。

有線タイプ		無線タイプ
小型	中型	タブレット
		安全機器付
操作性：◎ 安全性：◎ 情報量：▲	操作性：○ 安全性：◎ 情報量：○	操作性：○ 安全性：▲ 情報量：◎

(3-4) 動作軸キーと動かし方

　ティーチングペンダントの基本機能は「停止」「表示」「安全装置」「動作」と４つあります。

　６軸の多関節型ロボットでは、X、Y、Z、A、B、C（この表示はメーカーによって異なる）の６種類の押しボタンと "＋" と "－" のボタンがあり、これらを動作軸キーといいます。

　イネーブルスイッチを押しながら、動作軸キーを押すと、マニピュレータを動かすことができます。"＋" と "－" では動きの方向が反対になります。

4 コントローラ

コントローラは、「シングルタスク」と「マルチタスク」の２種類があります。シングルタスクは、同時に１つの処理（タスク）しか行えない処理装置（CPU）を指します。

シングルタスクで複数の処理を行うときは、１つの処理が終了したあとに次の処理に取りかかるため、時間がかかり、他の装置との同期のずれが発生するというリスクがあります。

一方で、マルチタスクは、１台のコントローラで、同時に複数の処理を並行して実行できる機能を持つ処理装置を指します。厳しいリアルタイム性を要求する産業用ロボットやロボットシステムでは、マルチタスクが多く採用されています。

シングルタスクの例

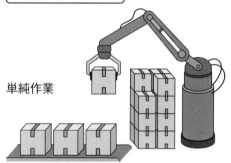

単純作業

荷物をパレットに積むなどの単純作業では、時間でロボットが処理できる量を見込めます。物流などでは「シングルタスク」が多く用いられています。

マルチタスクの例

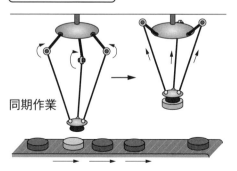

同期作業

モータ動作させるプログラムとセンサで常に監視するプログラム、その状況に合わせて外部の機器を動作させるプログラムなど、複数のプログラムで別々の処理をさせ、効率的に周辺機器とロボットを連携させる場合などには、マルチタスクが用いられています。

(4-1) 固定シーケンスと可変シーケンス

　産業用ロボットで用いられる外部装置には、「固定シーケンス」と「可変シーケンス」があります。固定シーケンスは、アナログ回路やリレー回路で構成されており、油圧式のサーボ機構を持つ産業用ロボットに採用されています。可変シーケンスは電気式のサーボ機構に多く、CPU（マイクロプロセッサ）で構成されています。

　近年では、プログラムの変更が容易でサーボ機構と相性の良い可変シーケンスが多く用いられています。システムの規模や同期性能などを考慮して、小型（簡易型）、中型（産業用シーケンス）、大型（モーションコントローラ）などの種類があります。

固定シーケンス	可変シーケンス
油圧式のサーボを持つロボット アナログ回路とリレー回路 **プログラムの変更が難**	電気式のサーボを持つロボット CPU（マイクロプロセッサ） **プログラムの変更が容易**

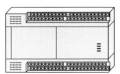

小型
（マイクロシーケンス）

中位ネットワーク：他の制御機器と接続できる
下位ネットワーク：各種機器（サーボ、センサ）と接続できる

中型
（産業用シーケンス）

上位ネットワーク：生産管理システムやサーバと接続できる
中位ネットワーク：他の制御機器と接続できる
下位ネットワーク：各種機器（サーボ、センサ）と接続できる

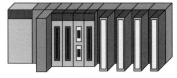

大型
（モーションコントローラ）

同期＋リアルタイム性＋複数のサーボ制御
上位ネットワーク：生産管理システムやサーバと接続できる
中位ネットワーク：他の制御機器と接続できる
下位ネットワーク：各種機器（サーボ、センサ）と接続できる

(4-2) 外部制御装置の代表「PLC」

PLCとは、プログラマブルロジックコントローラの略で、産業用ロボットを動かす司令塔として、多くの機械システムに採用されています。PLCの基本は、スイッチやセンサなどの入力機器と、サーボモータなどの出力機器をPLCにつなぎ、ラダー図と呼ばれる専用のプログラムを作成し、手順通りに処理・実行しながら制御します。

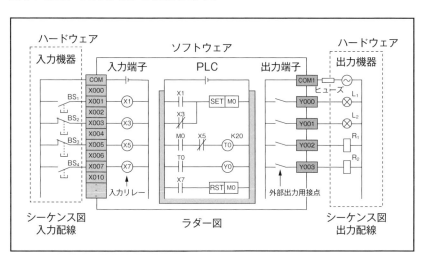

現在のPLCは、「ビルディングタイプ」と「パッケージタイプ」の2種類があります。

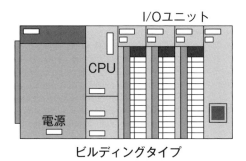

ビルディングタイプ

電源、CPU、入出力ユニットなどが独立しており、増設したりカスタマイズできるPLC。

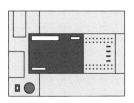

パッケージタイプ

電源、CPU、入出力などが一体となっているPLC。低価格で配線が容易。

位置決めモジュールユニットとサーボモータ

PLCは、演算部を持つ制御機器（コンピュータ）です。これに位置決めモジュールユニットを増設すれば、高精度な位置決めができるコントローラになります。位置決めモジュールユニットとは、CPUからの位置決めデータや制御コマンドなどの指令に基づいて、位置決め用の軌道を生成し、位置指令値をパルス列でドライブユニットに出力します。ただし、機種やメーカーによって、接続できるCPUとできないCPUがあるので注意が必要です。

また、1台で2つから8つのモータ軸を同時にコントロールできるものもありますが、一般的には1台で多くとも2軸〜4軸の制御を行います。

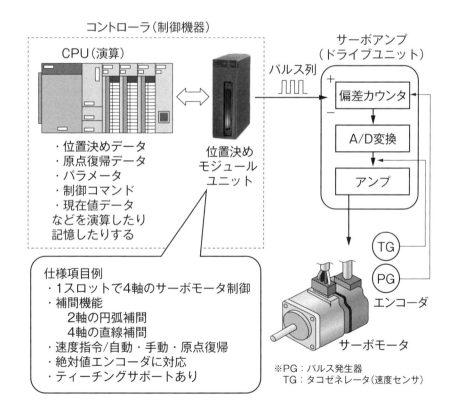

コントローラ（制御機器）

CPU（演算）

・位置決めデータ
・原点復帰データ
・パラメータ
・制御コマンド
・現在値データ
などを演算したり
記憶したりする

位置決め
モジュール
ユニット

サーボアンプ
（ドライブユニット）

パルス列

偏差カウンタ

A/D変換

アンプ

TG

PG

エンコーダ

サーボモータ

仕様項目例
・1スロットで4軸のサーボモータ制御
・補間機能
　　2軸の円弧補間
　　4軸の直線補間
・速度指令/自動・手動・原点復帰
・絶対値エンコーダに対応
・ティーチングサポートあり

※PG：パルス発生器
　TG：タコゼネレータ（速度センサ）

(4-3) モーションコントローラ

　産業用ロボットは、一見簡単に動いているように見えても、実際には非常に複雑な演算処理を繰り返し、複数のサーボモータを±0.1 mm 以下の精度で同期制御しています。

　このような作業のときに用いられるのがモーションコントローラです。

　コントローラとしてよく用いられている PLC は、1 台で制御できる軸数が限られています。一方でモーションコントローラは、複数軸の制御やそれぞれの周辺装置との同期がとれるという特徴があります。

PLC とモーションコントローラの違い

　PLC とモーションコントローラには、CPU に大きな違いがあります。モーションコントローラは、プログラムの読み取りと実行が 1 行ずつ行われるため、1 行ごとの処理にかかる時間も短く、高速に処理することができます。PLC は、すべての行を読み込んだうえで、処理を開始します。モーションコントローラは一般的に、サーボモータや産業用ロボットを販売しているメーカーが自社のモータに対応したコントローラとして提供しています。またメーカーごとにプログラムを作成するためのソフトが異なります。基本的にはラダー、SFC 言語、ST 言語などの FA 系とよばれるプログラミング言語が用いられています。

・モーションコントローラができること
- ●正確な多軸制御
- ●位置決めコントローラでは不可能な輪郭制御
- ●トルク制御
- ●同期制御

精密な動き!!
1μm以下で制御
するマシンもある

※細菌は1〜5μm

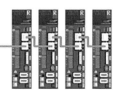

モーション
コントローラ　　　　サーボアンプ

(4-4) コントローラのバッテリ

　現在、ほとんどの産業用ロボットは、位置データやプログラムデータをバッテリで記憶させています。使用する環境によって異なりますが、一般的に寿命は、エンコーダでは2年、バッテリでは3年が目安とされています。しかし、バッテリでの保持期間を1年としているメーカーも多く、万が一バッテリがなくなってしまった場合には、データが消える、もしくは部分的に消えてしまう可能性もあります。そうなると、すべての調整を再度やりなおさなければなりません。「バッテリ切れ」を未然に防ぐには、定期的な点検やメンテナンスが最大の対策です。また、データのバックアップを取るように決めておく、原点調整の方法を学んでおく、などの準備をしておけば、急なトラブルが発生したとしても早期に復旧できます。バッテリは機種によって格納されている場所が異なりますので、最初に確認しておきましょう。

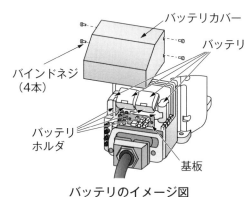

バッテリのイメージ図

★バッテリはメーカーからの交換推奨時期があります。

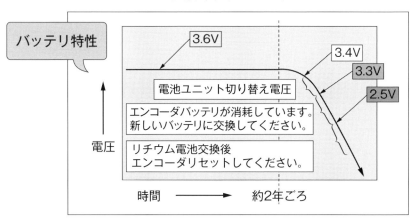

5 教示のための演習（ピック＆プレイス）

　垂直多関節型ロボットを用いて、ロボットに教示する場合の基本的な手順と事例を紹介します。

　教示をはじめる前には、十分に安全が確保された状況であるかを確認します。

　制御ボックスの電源投入ボタンを押して、安全装置等が動いているかを確認します。

　ティーチングペンダント（教示制御盤）のイネーブルスイッチが作動していることを確認します。

5-1 演習システムの構成

　教示のために必要な機材を整えます。

①産業用ロボット（6軸多関節用ロボット）
②ロボット台（安全性が確保されたもの）
③制御ボックス（コントローラ）
④ティーチングペンダント
⑤ワーク
⑥位置決めシート

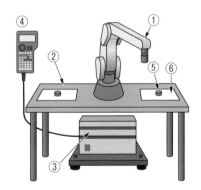

※位置決めシートの高さは、ロボット本体のベース部と水平になるように配置することが望ましい

ワーク

例）

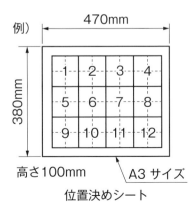

470mm

380mm

高さ100mm　　A3サイズ

位置決めシート

ティーチングペンダントの理解（ステップ１）

　教示を行うときには、各々に用意されているティーチングペンダント（教示操作盤）の名称や機能について理解しておく必要があります。

　まず、ティーチングペンダントを用いて、手動でロボットを動かすときには、「ジョグ」という「動作指令」のスイッチを押します。ジョグには、①関節ジョグ、②直交ジョグ、③ツールジョグの３種類のモードが用意されています。これらのモードは、適宜切り替えながら利用します。

　教示では、最初に関節ジョグモードで、ロボットの各アームを上下、左右などに、動かして、位置や姿勢に問題がないかを確認します。（オフライン教示でも同様です。）続いて、ロボットの原点を教示します。ロボットが正確な動きで、同じ位置に戻ってこれるように、原点（位置と姿勢）は各メーカーであらかじめ設定されています。ティーチングボックスでは、「原点設定」「原点合わせ」などのコマンドが一般的に用意されています。

ジョグ	モード設定キー	機能（動作）	適用する操作目的
関　節（各軸）	関　節	関節座標系指定軸（１軸）の動作	個々の関節のみを動かします。操作には慣れが必要です。目的の姿勢を簡単につくれます。原点位置が狂っている場合に利用します。
直　交（ロボット座標）	直　交	ベース座標系複数軸の同時制御	全ての関節を協調動作させて動かします。ロボットの設置を基準にして動作します。協調制御を行うために、特異点付近では動作できません。
ツール	ツール	ツール座標系複数軸の同時制御	ツールパラメータが定義されているときに、ツールの向き（姿勢）を基準にした動作をします。メーカーによって動作に癖があります。

5-3 教示の手順

　ピック＆プレイス（P&P）とは、部品を保持・つまむ→上げる→目標の位置に移動する→置くと同時に位置決めを行う、という一連の作業のことで、1工程を示す単位です。

　教示は、手動と自動（オート）の2つのステップがあります。最初は、ティーチングペンダントでデータの作成・保存・転送までを行い、次に、自動（オート）に切り替えて、動作の実行を行います。

【演習手順】

Step 1
◆ティーチングボックスより
①原点設定
②動作プログラムの作成
③位置の教示（ティーチング）
④確認テスト
④データの保存・転送

Step 2
◆制御装置に切り替える
③ステップ運転
　（デバック：動作確認テスト）
④自動運転

ロボットから見た状態

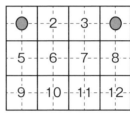

ワークを①番から④番の位置まで移動

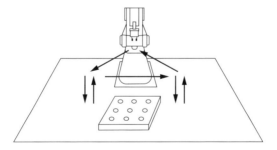

【留意点】
1) ロボットの動作経路を決定するために、ワークやパレットの形状、動作範囲内に障害物がないかどうかを確認します。周辺機器の配置・配線にも留意します。
2) パレット上のワークを把持する高さ（Z）方向を一定にします。ピック＆プレイスの動作でワークをパレットに押し付けないように注意します。

(5-4) プログラムの作成

プログラム作成のために、下記の項目を決めてきます。
①ロボットの動作位置と動作手順
②ロボットの動作位置の変数名
③入出力信号の機能と番号を決定

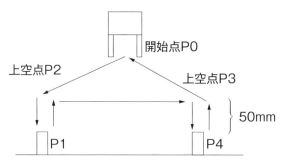

PO：原点（作業開始時と終了時の位置）
P1：ワークをつかむ位置（取り出し位置）
P2：P1の上空点（約50mm）
P3：P4の上空点（約50mm）
P4：ワークを置く位置（払い出し位置）

【動作手順（動作経路】

①作業原点に移動する（PO）
②ハンドを開く（ツール開）
③ワークの上空に移動する（P2）
④ワークをつかむ位置に移動する（P1）
⑤ワークをつかむ（ツール閉）
⑥ワークを真上に引き上げる（P2）
⑦ワークを置く位置の上空に移動する（P3）
⑧ワークを置く位置に移動する（P4）
⑨ワークを放す（ツール開）
⑩真上に移動する（P3）
⑪作業原点に移動する（PO）
⑫終了

条件：動作制御は、関節補間動作ハンドの番号は1番とする

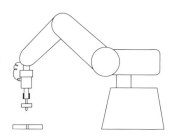

5-5 ロボット言語への変換

ロボットに動作を指示するための言語を「ロボット言語」といいます。JIS では、「人間とロボットの間で情報を記述したり、交換するための言語」と定義されています。動作手順で決定した動作経路（人間の言葉）をロボット言語（プログラム）に置き換えます。またプログラムは、ステップ番号の昇順に実行されます。

プログラムの一例

人間の言葉（自然言語）	ステップ番号	ロボット言語
①作業原点に移動する	1	Mov　P0
②1番のハンドを開く（30％の速度と力で）	2	EH open 1,30,30
③ワークの上空に移動する	3	Mov　P2
④ワークをつかむ位置に移動する	4	Mov　P1
⑤1番のハンドを閉じる　（30％の速度と力で）	5	EH close 1,30,30
⑥ハンドを閉じる間、0.5 秒待つ	6	Dly　0.5
⑦ワークを真上に引き上げる	7	Mov　P2
⑧ワークを置く位置の上空に移動する	8	Mov　P3
⑨ワークを置く位置に移動する	9	Mov　P4
⑩1番のハンドを開く　（30％の速度と力で）	10	EH open 1,30,30
⑪ハンドを開く間、0.5 秒待つ	11	Dly　0.5
⑫真上に移動する	12	Mov　P3
⑬作業原点に移動する	13	Mov　P0
⑭終了	14	END

参考　EH open 1,30,30
電動ハンド　開く　1番の　速度30%　力30%

「動作速度」

一通りのプログラムが完成したら、ロボットを動かす前に、動作速度を確認します。

最初は、低速で動かすことが望ましいです。

5-6 教示の際の干渉例

　不慣れな教示では、ワークや治具に干渉することがあります。教示中に起こりやすい干渉の事例をいくつか紹介します。

① P1 から P2 へ直線補間で移動すべきところを円弧補間（関節角補間）で移動したことによるロボットの手先と周辺装置との干渉

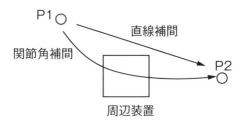

② P2、P3 を経由して、P1 から P4 へ移動するべきところを直線補間で、P4 へ移動したことによるロボットの手先と周辺装置との干渉

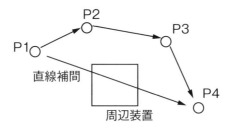

③ ハンドのグリップ（持爪）を開いてワークに接近すべきところを閉じたまま接近したことによるロボットの手先と周辺装置との干渉

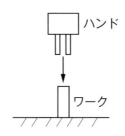

5章

産業用ロボットの構成要素
「制御方式とネットワーク通信」編

産業用ロボットの制御方式

　産業用ロボットは、複数の駆動軸を同時に制御してマニピュレータを所定の位置まで動かします。このときに用いられる制御方式を「動作制御方式」といいます。動作制御には、高速かつ高精度な運動制御が要求されます。この運動を決定するのが、「位置の制御」と「速度の制御」です。特にロボットの運動では、手先を目標の定位置にピタリと停止させる「位置制御」が重要です。位置制御では、ロボットのアームが開始点から目標点へ動くとき、点と点を滑らかに結ぶような軌跡について考えます。これを経路制御（または軌跡の生成）といいます。多くの産業用ロボットは、この手法で制御されています。

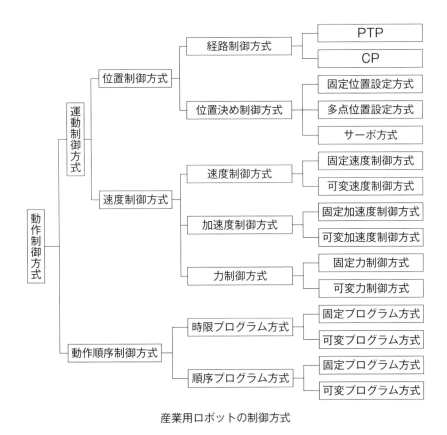

産業用ロボットの制御方式

(1-1) 経路制御方式

　ロボットの手先をツールといい、ツールの
中央部をツールセンターポイント（TCP）と
呼びます。産業用ロボットの制御では、TCP
が、開始点から目標点まで、どのような経路
（ルート）をたどらせるかという動作指令を
与えます。経路制御では、点から点まで次々
につないで制御することを「補間」と呼び、
作業対象によって、PTP（Point To Point：
点から点）制御と CP（Continuous Path：
連続経路）制御の２つの指令方式があります。

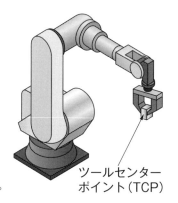

ツールセンター
ポイント（TCP）

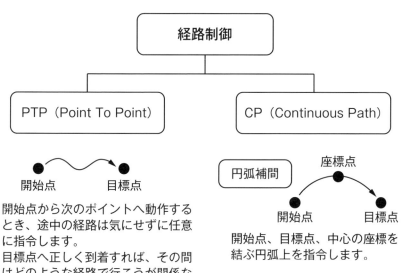

開始点から次のポイントへ動作する
とき、途中の経路は気にせずに任意
に指令します。
目標点へ正しく到着すれば、その間
はどのような経路で行こうが関係な
いという制御方式です。

開始点、目標点、中心の座標を
結ぶ円弧上を指令します。

直線補間

開始点　　　　　目標点

開始点と目標点の間を姿勢や速
度を一定に保ちながら直線的に
指令します。

(1-2) PTP 制御

　PTP（Point to Point）制御方式は、開始点（ポイント）から目標点（ポイント）までの動作範囲で目標点のみに注目し、途中の経路は問わない制御方式です。開始点と目標点の座標を入力するだけなので、ロボットの教示時間が短く、また高速移動が可能といった長所があります。

　この方式は、実際にロボットアームを動作させたときに、どのような軌跡を描くかがわからないため、運転時にワークに衝突したり、周囲の装置に干渉しないような配慮が必要です。

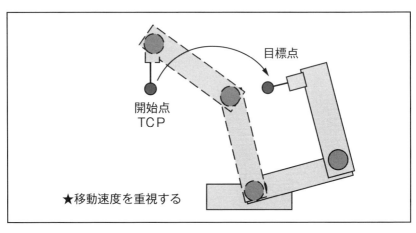

目標点

開始点
TCP

★移動速度を重視する

例

ピッキング作業では、7か所の
座標を指定して、順番通りに、
その間を補間動作させます。
PTP制御は、速く、正確に移
動させる指令です。

用途

スポット溶接
搬送作業
ピッキング
ローディング
アンローディング
部品の挿入

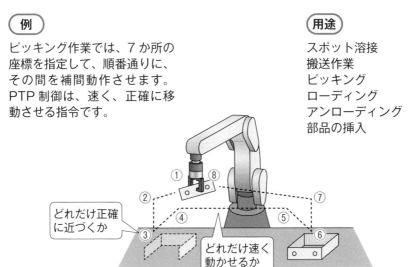

どれだけ正確
に近づくか

どれだけ速く
動かせるか

1-3 CP 制御

　CP（Continuous Path）制御方式は、指定された仮想の経路（点）に沿い、連続補間させながら動作経路を実現させる制御方式です。この制御方式は、移動経路が重要となる作業で採用されています。直線的な経路を確保しながらの補間では、速度は遅くなりますが、滑らかに、均一に動作させることができます。一方で、全ての動作経路を指定するために教示には多くの時間がかかり、教示者には熟練が要求されます。製造ラインを長時間停止しなければならないときには、注意が必要です。

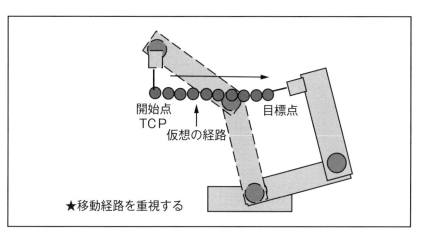

開始点
TCP
仮想の経路
目標点
★移動経路を重視する

例

レーザカットでは、切断する経路に沿ってレーザビームを連続的に照射しながら補間動作させます。
2つの座標点の間を直線と円弧をつないで近似することで滑らかに移動します。

用途

アーク溶接
切断（レーザカット）
シーリング
塗装

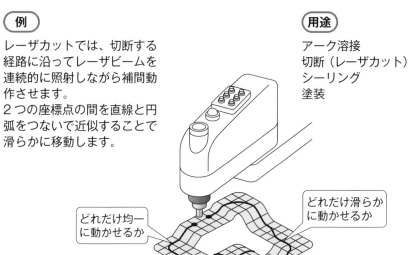

どれだけ均一に動かせるか
どれだけ滑らかに動かせるか

制御指令の与え方によるロボットの分類

　産業用ロボットは、制御指令の与え方による分類があります。最も一般的なものは、プレイバックロボットです。速度や位置をロボットに教示し、その動作を繰り返し再生（プレイバック）する場合がこれにあたります。その他に、あらかじめ設定された手順や条件を繰り返す「シーケンスロボット」、動作を覚えさせるのではなく数値などをプログラミングして制御する「数値制御（NC）ロボット」、感覚や認識機能によって行動を決定できる「知能ロボット」などがあります。

産業用ロボットの分類（JIS B 0134-1979）

用語	解説
マニュアルマニプレータ	人が操作するマニプレータ
固定シーケンスロボット	あらかじめ設定された順序と条件および位置に従って、動作の各段階を逐次進めていくマニプレータで、設定情報の変更が容易にできない
可変シーケンスロボット	あらかじめ設定された順序と条件および位置に従って、動作の各段階を逐次進めていくマニプレータで、設定情報の変更が容易にできる
プレイバックロボット	あらかじめ人間がマニプレータを動かして教示することにより、その作業の順序、位置およびその他の情報を記憶させ、それを必要に応じて読みだすことにより、その作業を行えるロボット
数値制御ロボット	順序、位置およびその他の情報を数値により指令して作業をおこなえるロボット
知能ロボット	感覚機能および認識機能によって行動決定できるロボット

（マニプレータ＝マニピュレータ）

2 タイムチャートとフローチャート

　産業用ロボットを動かすときには、ロボットがどのような順番で動作するのか、周辺機器との動作タイミングをどのようにとるのか、などの動作関係を示す「タイムチャート」や「フローチャート」が必要です。複数の機器を動かすときには、誰が見てもわかるようなタイムチャートやフローチャートを用意し、動作中の機械の状態を明確にすることが求められます。

2-1 タイムチャート

　タイムチャートとは、横軸に時間、縦軸に各ロボットの動作（アクチュエータの動き）を記述した図で、タイミングチャートとも呼ばれています。基本は停止、または、動作の状態（ON/OFF信号）を線で表現します。アクチュエータの動作には、それぞれの描き方があります。例えば、モータの場合では、移動速度、ストローク（移動距離）、加減速時間などが重要となるため、斜めの線を用いて台形パターンで記述されています。

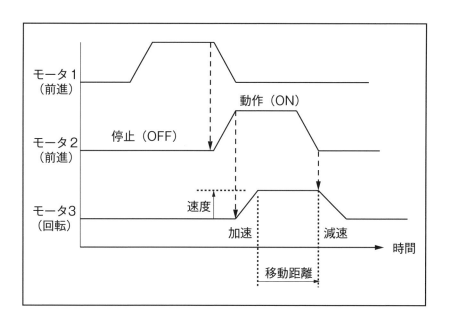

空気圧アクチュエータの場合では、シリンダの動作速度はスピードコント
ローラで調整しているため、加減速時間は考慮せずに、垂直線で表現します。
センサも同様の表記です。

　下の図は、センサ1（上昇）からセンサ2（下降）に切り替わる際に、シ
リンダにより開いていたチャックを閉じる（動作信号ON）というタイムチ
ャートです。通常、1つの装置から別の装置に移動する動作の間には、動作
確認用の間（ま）があります。一般的にシリンダの場合は、動作時間プラス
0.2〜0.5秒程度です。

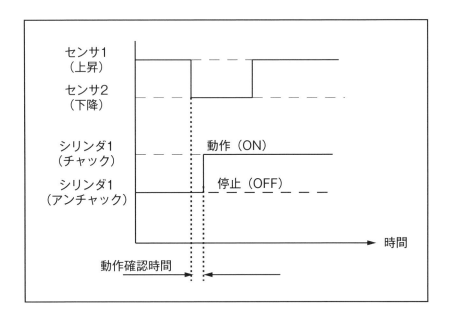

（2-2） **フローチャート**

　産業用ロボットは、「Aの位置へ移動する」→「つかむ」→「Bの位置へ移
動する」→「離す」→「元の位置へ戻る」というように、決められた動作順
番のプログラムで動作します。

　このように、動きの順番やプロセスなどを記号を使ってわかりやすく表現
したものをフローチャート図といいます。フローチャート図は図記号と矢印
で記述されます。

　図記号は、動作や分岐判断などを表し、動作の流れは矢印で示します。

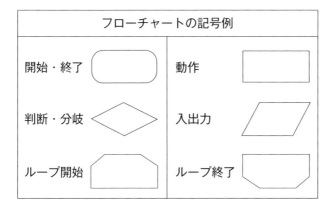

フローチャートの記号例

開始・終了		動作	
判断・分岐		入出力	
ループ開始		ループ終了	

　ロボットアームを目標位置まで動かすときのプログラムを作成します。処理の流れは右図のようになります。プログラムが上から順に実行され、はじめにロボットアームが目標位置に動いたかどうかを判断（条件分岐）します。

　目標位置まで動いたときは終了し、動いていないときは動作の見直しをさせます。

　このように産業用ロボットの動作では、「条件分岐」を多く用いてプログラムが構成されています。

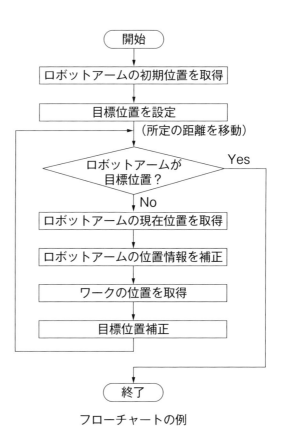

開始
↓
ロボットアームの初期位置を取得
↓
目標位置を設定
↓
（所定の距離を移動）
↓
ロボットアームが目標位置？　Yes →
↓ No
ロボットアームの現在位置を取得
↓
ロボットアームの位置情報を補正
↓
ワークの位置を取得
↓
目標位置補正
↓
終了

フローチャートの例

2-3 タイムチャート・フローチャートの演習

　コンベヤにより、ワークが運ばれてくるロボットシステムで、タイミングチャート、フローチャートを考えてみましょう。

制御仕様

①スタートボタンを押す
② A の位置にあるワークが B の位置に搬送される
③近接センサ（S1）によって検出される
④エアシリンダに取り付けられたロボットハンドが前進
　リミットスイッチ（S2）…シリンダの前進位置
⑤ワークをチャックする
⑦エアシリンダに取り付けられたロボットハンドが後退
　リミットスイッチ（S3）…シリンダの後退位置
⑧箱の上でチャックを開く
　リミットスイッチ（S4）…チャック開
　リミットスイッチ（S5）…チャック閉

入出力表

入力番号	動作	デバイス
X1	ワーク検出	S1
X2	シリンダ前進限	S2
X3	シリンダ後退限	S3
X4	シリンダ開限	S4
X5	シリンダ閉限	S5

出力番号	動作	デバイス
Y1	シリンダ前進	V1
Y2	シリンダ後退	V2
Y3	チャック開	V3
Y4	チャック閉	V4

チャック：開閉式
シリンダ・チャックの制御：復動
ソレノイド
原点：エアシリンダが後退し、チャックが開いた位置

PLC

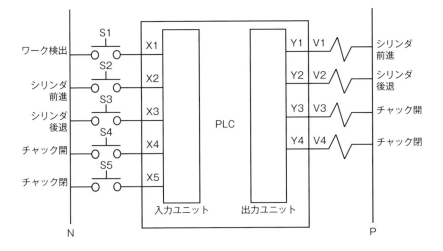

| | S1 | | X1 | | | Y1 | V1 | シリンダ前進 |
ワーク検出
シリンダ前進 S2 X2 — Y2 V2 シリンダ後退
シリンダ後退 S3 X3 PLC Y3 V3 チャック開
チャック開 S4 X4 Y4 V4 チャック閉
チャック閉 S5 X5

入力ユニット　出力ユニット

N　　　　　　　　　　　　　　　　P

タイムチャート

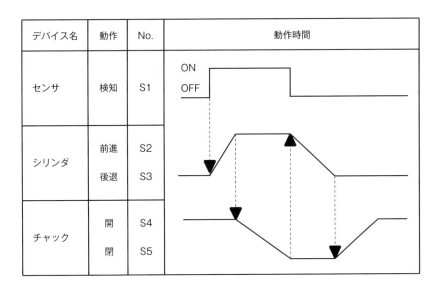

デバイス名	動作	No.	動作時間
センサ	検知	S1	ON / OFF
シリンダ	前進	S2	
	後退	S3	
チャック	開	S4	
	閉	S5	

フローチャート

1アクションずつ要素で囲む。
スタートからエンドまで上から下に流れる

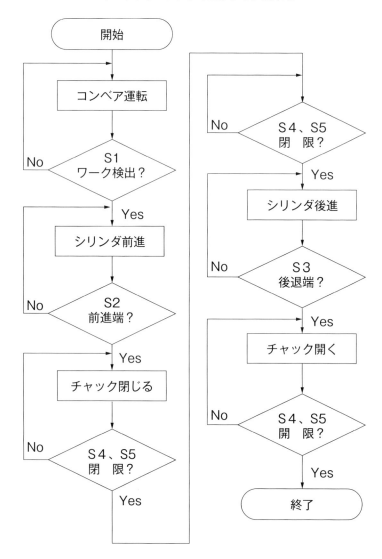

開始

コンベア運転

S1
ワーク検出？ No

Yes

シリンダ前進

S2
前進端？ No

Yes

チャック閉じる

S4、S5
閉　限？ No

Yes

S4、S5
閉　限？ No

Yes

シリンダ後進

S3
後退端？ No

Yes

チャック開く

S4、S5
開　限？ No

Yes

終了

シーケンス図

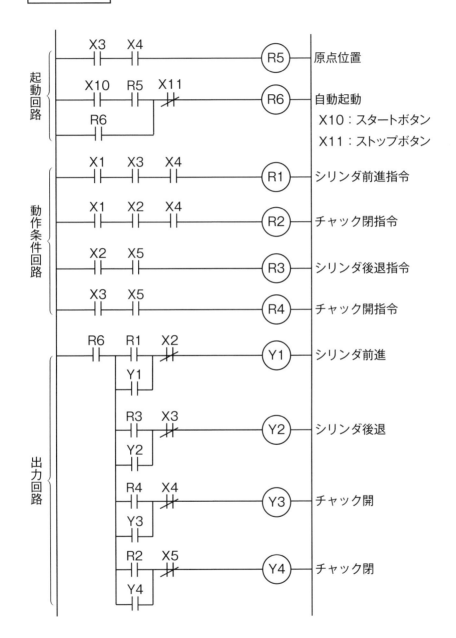

起動回路

| X3 X4 | R5 | 原点位置 |

X10 R5 X11 — R6 自動起動
R6
X10：スタートボタン
X11：ストップボタン

動作条件回路

X1 X3 X4 — R1 シリンダ前進指令

X1 X2 X4 — R2 チャック閉指令

X2 X5 — R3 シリンダ後退指令

X3 X5 — R4 チャック開指令

出力回路

R6 R1 X2 — Y1 シリンダ前進
Y1

R3 X3 — Y2 シリンダ後退
Y2

R4 X4 — Y3 チャック開
Y3

R2 X5 — Y4 チャック閉
Y4

3 標準プログラミング言語： SLIM 言語

　産業用ロボットを動かすときに必要なプログラミング言語は、人とコンピュータ（機械）がそれぞれに理解しやすい命令文として作られています。

　産業用ロボットでは、SLIM（Standard Language for Industrial Manipulators）というプログラミング言語が標準言語として 1992 年に日本産業規格　JIS B 8439 によって制定されています。SLIM 言語は、異なるロボットメーカーの産業用ロボットを共通のプログラムで記述できるようにするために作られたプログラミング言語です。一般的な記述方法としては、BASIC（ベーシック）言語[1] に似た文法形式です。各メーカーは、SLIM 言語を元に、独自のプログラム言語を提案しています。

**いろいろな
プログラミング言語**

Java
PHP
C#
JavaScript
C++
Python
Ruby
COBOL
Swift

ロボット言語の特徴
産業用ロボットに対して、
「こっちに動きなさい！」
「あっちで溶接しなさい！」
「ここで待機しなさい！」
などの**命令**を書くこと

※1　BASIC（ベーシック）は、コンピュータに命令するための言葉の集まりです。いくつかの命令文で方程式を解いたり、ゲームのようなものも作れます。この言語の特徴は、実行したあとで都合が悪い場合に簡単に修正できることです。

3-1 ロボットプログラムの命令文の種類

コンピュータに命令を下す文章を「コーディング」といいます。産業用ロボットのプログラミングで用いられる主なコーディングについては、大きく4つの機能に関する命令が用意されています。

区　分	主な機能
動作関連	関節、直線、円弧補間、最適加減速制御、コンプライアンス制御、衝突検知、特異点通過
演　算	Bit／Byte／Word 信号、割込み制御
付加機能	算術、運動、論理、ポーズ（位置）、文字列
入出力	マルチタスク、シングルタスク、アナログ、ディジタル、トラッキング、ビジョンセンサ

上記の詳細については次のようなものがあります。

①**移動命令**
　ロボットを指定した位置へ移動させる命令

②**速度命令**
　分速（mm/分）や倍速（%）、加減速時間などロボットの速度に関する命令

③**入出力命令**
　外部機器とロボットがデータ通信を行うための命令

④**繰り返し処理命令**
　任意の動作などを一定時間もしくは一定回数繰り返させるための命令

⑤**分岐やジャンプ命令**
　特定の条件に応じて動作を変えるための命令

⑥**演算命令**
　四則演算や三角関数などの演算命令

⑦**その他の命令**
　その作業特有の命令

ロボット言語では、1行ごとに命令を書きます。これを「ステップ」といいます。ステップには、1，2，…というように番号がふられています。プログラムは原則、ステップの順番に命令を実行していきます。ただし命令文には、実行の停止、再起動、指定ステップへの飛び越しなどがあり、プログラムの実行の流れを制御することもできます。

　ここで、基本の命令文を使って、ロボットを動かす例を紹介します。

SLIM 言語の例

MOVE ：ロボットの位置を指定するファンクション

WAIT ：指定した時間ロボットが停止

SET ：I/O 信号を ON する

RESET：I/O 信号を OFF する

P：PTP（Point to Point）

L：CP（Continuous Path）直線補間

C：CP（Continuous Path）円弧補間

　上記の命令言語でプログラミングすると、次のようなプログラムが作成できます。

プログラムの例

位置（X, Y, Z）に移動してワークをつかみ、

つかんだワークを位置（X2, Y2, Z2）に運び置くというプログラム

1　「MOVE L, P001, P002」
　　　　　現在の位置から直線補間で P001 を経由して P002 へ移動する

2　「SET (1)」
　　　　　1番の信号を ON（ロボットハンドが閉じる）

3　「MOVE C, P001, P002」
　　　　　現在の位置から円弧補間で P001 を経由して P002 へ移動する

4　「RESET (1)」
　　　　　1番の信号を OFF（ロボットハンドが開く）

5　「GOHOME」
　　　　　現在位置から初期位置へ移動する

---

4 通信システムとネットワーク

　産業用ロボットは、製造装置、搬送装置、包装装置、半導体装置など、さまざまなシステムの中で用いられ、モーションコントローラに接続されて同期制御されています。

　近年では、工場全体の動きをセンサで計測しながら、AI（人工知能）で最適化を図り、付加価値を加えてシステムへとフィードバックする「サイバーフィジカルシステム：CPS（Cyber Physical System）[1]」という考え方が取り入れられています。大規模なシステムの中で、モーションコントローラを用いながらデータをやり取りするときには、強力な産業用ネットワークも必要になります。現在、さまざまな「通信システム（ネットワーク）」の標準化や規格化が進められています。

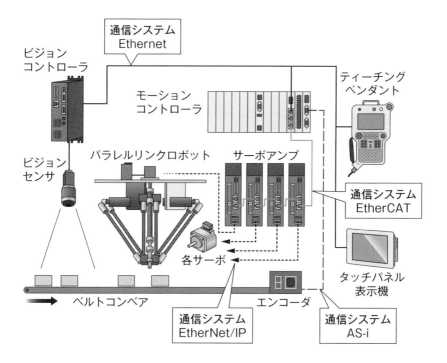

※1　現実世界（フィジカル空間）から得られる膨大なデータをコンピュータ（サイバー空間）上で分析し、その結果をフィードバックすること

　従来の産業用ネットワークでは、コントローラから個々の装置へ直列配線でつなぎ、データのやりとりをしていました。近年では、バスと呼ばれる並列配線に1本化することで、省配線化やメインコンピュータ（ホスト）の小型化などを可能にしています。このようなネットワーク構造は、上位層から最下位層まで4つの階層に分類されています[2]。

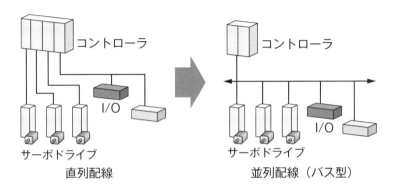

①**上位層：情報ネットワーク（管理用PCやMES[3]を接続する）**
　各装置の稼働状況や指示データのモニタリングなどの監視や確認、判断を行います。MES（製造実行システム）として、作業者の支援や指示を行う。

②**中位層：コントロールネットワーク（PLCやDCS[4]を接続する）**
　情報ネットワークとフィールドネットワークの中間に位置する制御ネットワークです。制御装置間の情報交換を行い、生産情報をリアルタイムで把握してコントロールします。複数のコントローラで協調・統合した制御をする装置（DCS）で運用します。
　現在では、イーサネットシステムが主流です。

③**下位層：フィールドネットワーク（産業用ロボットやリモートI/Oを接続する）**
　コントローラと各種制御機器を接続します。接続する際の条件には、高速性、定周期性、同期性、低ジッター、多ノード接続、サイクリックと非サイクリック通信などを考慮する必要があります。

④**最下位層：フィールドエンドネットワーク（センサ、表示機器などを接続する）**
　個々のセンサやスイッチなどの接点信号やON/OFF信号を扱います。工場内の作業者が直接見たり、聞いたり、触ったりするなど、ヒューマンインターフェースに関わる機器を接続します。

※2　「フィールドネットワーク」を最下層とした3階層で紹介される場合もあります。

ネットワークの構造

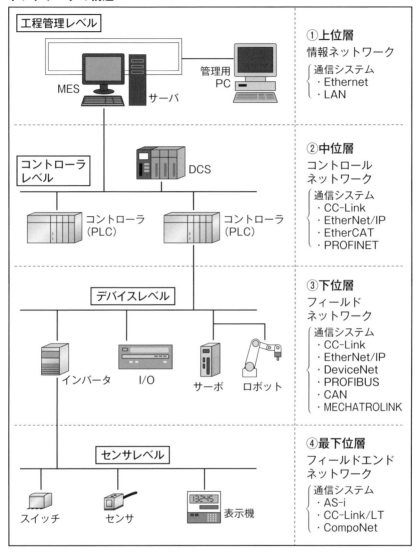

工程管理レベル

MES
サーバ
管理用
PC

①上位層
情報ネットワーク
通信システム
・Ethernet
・LAN

コントローラレベル

DCS

コントローラ
(PLC)

コントローラ
(PLC)

②中位層
コントロールネットワーク
通信システム
・CC-Link
・EtherNet/IP
・EtherCAT
・PROFINET

デバイスレベル

インバータ　I/O　サーボ　ロボット

③下位層
フィールドネットワーク
通信システム
・CC-Link
・EtherNet/IP
・DeviceNet
・PROFIBUS
・CAN
・MECHATROLINK

センサレベル

スイッチ　センサ　表示機

④最下位層
フィールドエンドネットワーク
通信システム
・AS-i
・CC-Link/LT
・CompoNet

※ 3　MES（Manufacturing Execution System：製造実行システム）とは、製造工程の把握や管理、作業者への指示や支援などを行うシステムのこと

※ 4　DCS（Distributed Control System：分散制御システム）とは、1 台のコンピュータで集中制御するのではなく、システムを構成する各機器ごとに制御装置があり、それらはネットワークで接続されていて相互に通信、管理し合う仕組みを持つシステムのこと

5章

産業用ロボットの構成要素「制御方式とネットワーク通信」編

(4-3) 産業用ロボットに関するフィールドネットワーク

　産業用ロボットの通信は、「フィールドネットワーク」という階層で行われています。フィールドネットワークでは、メーカーが独自に開発した異なる規格（プロトコル）が多く存在しています。したがって、コネクタなどの違いについては注意が必要です。

　ここで、代表的なフィールドネットワークを紹介します。

コネクタ
CCLINK

コネクタ
EtherNet/IP

CC-Link（シーシーリンク）
CC-Link は、三菱電機株式会社により開発されたフィールドネットワークです。特に国内、アジアの産業用オートメーション・システムに広く採用されています。マスタースレーブ方式（サイクリック通信機能）を導入している点が特徴です[5]。

DeviceNet（デバイスネット）
DeviceNet は、コントローラ、センサ、スイッチなどの FA 機器を接続して、シリアル通信を行うフィールドネットワークです。組立、溶接、搬送時に多く採用されています。

PROFIBUS（プロフィバス）
Siemens、Bosch、ABB などの欧州メーカーが共同開発したフィールドネットワークです。国際規格 IEC61158 で標準化されています。

CAN（キャン）
「Controller Area Network」の略で、信頼性が求められる自動車の制御用バスとしてドイツの Bosch 社が開発したフィールドネットワークです。産業用ロボットのフィールドネットワークの1つとしても採用されています。

MECHATROLINK（メカトロリンク）

MECHATOROLINK は、株式会社安川電機により開発されたフィールドネットワークです。工作機械システムや産業用ロボットシステムの高機能や高性能化、高信頼性化を実現するために採用されています。

EtherCAT（イーサキャット）

EtherCAT は、自動制御システムにおけるコントローラと I/O デバイス間のデータ通信ネットワークとして、ドイツのベッコフオートメーション（Beckhoff Automation）により開発されたイーサネットに基づくフィールドネットワークです。
モーション制御などでよく利用されています。

EtherNet/IP（イーサネット・アイピー）

EtherNet/IP は、Allen Bradley により開発されたイーサネットに基づく産業用ネットワークです。上位のサーバの通信から、PLC・アクチュエータなどの通信まで、一貫して幅広く使用できることが特徴の 1 つです。

PROFINET（プロフィネット）

Siemens 社とプロフィバスのユーザー組織（PNO）のメンバー企業によって開発されたイーサネットに基づく産業用ネットワークです。（現在、日本では日本プロフィバス協会などで管理されています。）
PROFIBUS をさらに発展させたもので、主要産業用機器メーカーで広く普及しています。

※5　マスタースレーブ方式（サイクリック通信機能）
サイクリック通信機能とは、任意のタイミングで、マスタとスレーブ間でデータを自動的にやり取りする機能をいいます。マスタ局（コントローラ）で指定した同期周期に合わせて、スレーブ局（制御対象機器）を通信管理します。

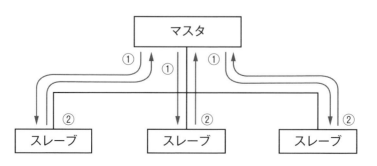

6章

産業用ロボットの
基本性能とカタログの活用

1 産業用ロボットのカタログ

　産業用ロボットの性能や機能については、各メーカーがそれぞれの基準で作り込みカタログに明記しています。しかし、メーカー独自の技術用語で書かれていることが多いため、あまり産業用ロボットに馴染みがないユーザーは、その中身を調べながら（あるいは、メーカーに連絡をとりながら）理解を深めることが求められます。

　実際に、産業用ロボットのカタログについては、規格化があまり進んでおらず、情報公開しているもの、公表していないもの、データが曖昧なものが点在しています。

　この章では、カタログを活用する上で大事な基礎知識やトラブルにあわないための注意点について解説します。

◆公表されているもの	◆公表されていないもの	◆データが曖昧なもの
・完成された製品について	・試験法	・精度
・用語	・検査法	・動作時間
・記号		・速度
・仕様書様式		・可搬重量
・構造性能基準		・動作の方向

1-1　カタログの注意点

　産業用ロボットのカタログに書かれているデータは、すべての条件における評価が難しいため、ある特定条件の中で得られた値が示されています。しかし、そこに示されるデータは、具体的な試験法は表示されておらず、検査法も独自の基準（特定の範囲）による合否がほとんどです。特に位置に関する精度（位置決め精度や絶対精度）については、部品の製作誤差やセンサの取り付け誤差など、設計上には現れにくい誤差は含まれておらず、データとしては曖昧な部分もあるので注意が必要です。速度に関するデータでは、PTP制御やCP制御での位置決めに、どのような影響を及ぼすのかも不明確です。再現性を示すデータでは、ウォーミングアップの段階なのか、起動後数時間経ってからのデータなのかも不透明で、その試行回数も一般的には非公開です。このように、カタログに記載の内容からでは、すべてを把握することが難しいため、メーカーやSIerなどから具体的な情報を入手し、慎重に検討する必要があります。

1-2　スペック項目と用語

　産業用ロボットの基本性能は、下図の仕様に示すように、ロボット本体（マニピュレータ）とコントローラとに区別されてカタログに必要な情報がまとめられています。ここでは、主にロボット本体のスペックとして知っておくべき、①「位置検出方式」、②「精度」、③「許容モーメント・イナーシャ」をはじめ、それらに関係する用語や意味について説明します。

■ ロボット本体の仕様

型式		単位	ROV-1	ROV-2
動作自由度			6	
駆動方式			ACサーボモータ（全軸ブレーキ付き）	
位置検出式			アブソリュートエンコーダ	
最大可搬質量（定格）		kg	6 (5)	
アーム長		mm	280+315	380+425
最大リーチ半径		mm	696	902
動作範囲	ウェスト　J1	度	340（±170）出荷後制限可（45度づつ）	
	ショルダ　J2		227（−92～+135）	
	エルボ　J3		273（−107～+166）	295（−129～+166）
	リストツイスト　J4		320（±160）	
	リストピッチ　J5		240（±120）	
	リストロール　J6		720（±360）	
最大速度	ウェスト　J1	度/S	401	250
	ショルダ　J2		321	267
	エルボ　J3		401	267
	リストツイスト　J4		352	
	リストピッチ　J5		450	
	リストロール　J6		660	
最大合成速度		mm/sec	約9300	約8500
サイクルタイム		sec	0.47	0.50
位置繰り返し精度		mm	±0.02	
本体質量		kg	約58	約60
ツール配線			入力8点/出力8点（フォアアーム）	
ツールエア配管			1次：φ6×2	

① 位置検出式
② 位置繰り返し精度

③ 許容モーメント・許容イナーシャ

許容モーメント	J4	Nm	4.17
	J5		4.17
	J6		2.45
許容イナーシャ	J4	kgm²	0.18
	J5		0.18
	J6		0.04

■ コントローラの仕様

型式		単位	CR-1	CR-2
経路制御方式			PTP制御、CP制御	
制御軸数			最大同時6軸付加軸制御最大8軸	
CPU			64bit RISC/DSP	
プログラム言語			MELFA-BASIC V	
位置教示方式		点	ティーチング方式、MDI方式	
記憶容量	教示位置数	本	13,000	
	ステップ数	本	26,000	
	プログラム本数	点	256	
外部入出力	汎用入出力	点	入力0/出力0（オプション使用時最大256/256）	
	専用入出力	点	汎用入出力より割付	
	ハンド入出力	点	入力0/出力0（エアハンドインタフェース使用時：8/8）	
	非常停止入力	点	1（2接点対応）	
	ドアスイッチ入力	点	1（2接点対応）	
	イネーブリングデバイス入力	点	1（2接点対応）	
	非常停止出力	点	1（2接点対応）	
	モード出力	点	1（2接点対応）	
	ロボットエラー出力	点	1（2接点対応）	
	付加軸同期	点	1（2接点対応）	
インターフェース	RS-232C	ポート	1（パソコン、ビジョンセンサ等接続用）	
	イーサネット	ポート	1（T/B専用）、1（お客様用）	
	USB	スロット	1（Ver2.0デバイス機能のみ）	
	付加軸インタフェース	チャンネル	1	
電源	入力電圧範囲	V	3相、AC180～253	単相、AC180～253
	電源容量	KVA	3.0（突入電流含まず）	2.0（突入電流含まず）

5章を参照
4章を参照
5章を参照

2 位置検出方式

　産業用ロボットの多くは、「サーボモータ」が関節に組み込まれています。サーボモータは、エンコーダと呼ばれるセンサを搭載しており、モータの回転軸の位置（角度）を検出します。エンコーダの役割の１つは、位置ずれなどを防止し、位置を正すことです。

　位置検出方式は、読み取り方の違いで２種類に大別されています。１つは、**「現在の位置」** を基準にして目的の方向と角度を読み取る「インクリメンタル型」、もう一つは、**「原点を基準にして」** 目的の方向と角度を読み取る「アブソリュート型」です。

　産業用ロボットは、部品と部品を構成するときに生じる遊びやガタつきなどの要因で、手先を目標点に正確に位置決めができないことがあります。これを「位置決め誤差」といいます。インクリメンタル型は、相対的な位置検出のため、位置決め誤差が累積しやすい傾向にあります。

　一方で、アブソリュート型は、絶対的な位置検出のため、誤差を小さくおさえることができます。

　産業用ロボットでは、アブソリュート型が多く採用されています。

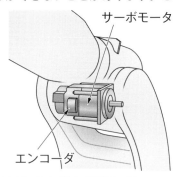

サーボモータ

エンコーダ

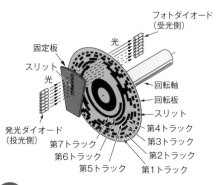

インクリメンタル型	アブソリュート型
相対的な位置の検出	絶対的な位置の検出
動く前と動いた後でどれくらいの角度が変わったか？	原点から今、何度の角度にいるか？

インクリメンタル型（左図）
- フォトダイオード（受光側）
- トラックBスリット
- トラックAスリット
- 固定板
- 光
- 光
- 発光ダイオード（投光側）
- ゼロ信号スリット
- 回転軸
- 回転板
- スリット

アブソリュート型（右図）
- フォトダイオード（受光側）
- 固定板
- スリット
- 光
- 光
- 発光ダイオード（投光側）
- 回転軸
- 回転板
- スリット
- 第4トラック
- 第3トラック
- 第2トラック
- 第1トラック
- 第7トラック
- 第6トラック
- 第5トラック

(2-1) インクリメンタル型

　サーボモータに搭載されているエンコーダは、スリットが刻まれた回転ディスクで構成されています。回転ディスクはモータ軸と同じ状態で回転し、光源と受光部の間に配置されます。回転と同時に光がスリットを透過したときには信号が ON（1）、遮断したときには OFF（0）という具合に、ON-OFF（0，1，0，1）をカウントしてサーボアンプ側に出力します。この信号をパルス信号といいます。

　例えば、下図の回転ディスク A のように、スリットが 4 つの場合、90°毎の角度を出力します。スリットの数が増えるほど、細かく情報を検出できます。この能力を「分解能」といいます。インクリメンタル型は、相対的な移動量（何パルス分回転したか）はこの仕組で把握できますが、絶対位置（原点からの位置）はわかりません。そこで、原点を認識する穴（スリット）が設けられています。高精度な位置決めを行う場合は、すべて原点からの絶対位置に計算しなおし、アブソリュート指令で位置決めさせるという手法がとられています。しかし、電源を落とし、再び投入した後に、サーボモータがどの位置（角度）なのかを判断する原点復帰に、しばしの時間を要します。

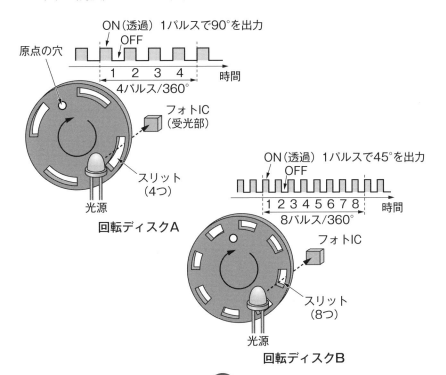

ON（透過）　1パルスで90°を出力
OFF
原点の穴
1　2　3　4　　時間
4パルス/360°
フォトIC
（受光部）
スリット
（4つ）
光源
回転ディスクA

ON（透過）　1パルスで45°を出力
OFF
1 2 3 4 5 6 7 8　　時間
8パルス/360°
フォトIC
スリット
（8つ）
光源
回転ディスクB

2-2 アブソリュート型

　アブソリュート型は、電源投入直後に、モータの1回転中のどこにモータ軸の原点があるのか、何回転していたのかが瞬時にわかる（絶対位置が検出できる）のが大きな特徴です。アブソリュート型のエンコーダの回転ディスクには、円周方向（1列）だけでなく、垂直方向（複数列）にスリットが設けられています。例えば、スリットが4列ある場合、バイナリーコード（2進数）によって、0000から1111まで16通りの角度の絶対位置を検出できます。5列では32通り、8列では256通りです。列が増えれば増えるほど、分解能は高くなります。

　アブソリュート型は、バイナリーコードをディジタル信号として出力する方法と、アナログ電圧に変換して出力する方法があります。産業用ロボットでは、一般的にディジタルが採用されています。また、ディジタル信号の出力には、複数本の信号線で出力するパラレル出力と、1本の信号線で出力するシリアル出力があります。

Angle [degrees]	①	②	③	④
0.0	0	0	0	0
22.5	0	0	0	1
45.0	0	0	1	0
67.5	0	0	1	1
90.0	0	1	0	0
112.5	0	1	0	1
135.0	0	1	1	0
157.5	0	1	1	1
180.0	1	0	0	0
202.5	1	0	0	1
225.0	1	0	1	0
247.5	1	0	1	1
270.0	1	1	0	0
292.5	1	1	0	1
315.0	1	1	1	0
337.5	1	1	1	1

4列
バイナリーコード
（2進数）で
0000から1111まで
16通り

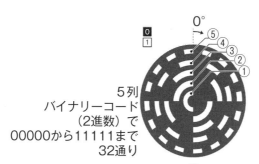

5列
バイナリーコード
（2進数）で
00000から11111まで
32通り

Angle [degrees]	①	②	③	④	⑤
0.00	0	0	0	0	0
11.25	0	0	0	0	1
22.50	0	0	0	1	0
33.75	0	0	0	1	1
45.00	0	0	1	0	0
56.25	0	0	1	0	1
67.50	0	0	1	1	0
78.75	0	0	1	1	1
90.00	0	1	0	0	0
・	・	・	・	・	・
・	・	・	・	・	・
・	・	・	・	・	・
315.00	1	1	1	0	0
326.25	1	1	1	0	1
337.50	1	1	1	1	0
348.75	1	1	1	1	1

(2-3) 信号の出力方式

　アブソリュート型のエンコーダは、バイナリコード、または、グレイコードと呼ばれる２進数（ビット）で出力します。この出力には、パラレル（並列）方式とシリアル（直列）方式の２種類があります。パラレル出力のメリットは、出力データの高速伝送です。デメリットとしては、信号線が多くなり、ケーブル長が制限されるという点です。

　シリアル出力は、使用する配線が少なくてすむというメリットがありますが、通信には時間がかかるため、モータが回転しているときなどに、出力されたコードと現在位置にずれが生じてしまうこともあります。一般的に産業用ロボットで用いられるアブソリュートエンコーダは、パラレル出力方式が多く採用されています。

「バイナリーコード」と「グレイコード」

　コンピュータは２進法で演算します。２進法では、０と１の２種類の数字のみが使用されます。０と１は、電気的には「オフ」と「オン」の状態を意味します。バイナリーコードとは、２進法による情報表示のことです。一方で、グレイコードとは、隣り合うビット変化が１ビットしかないようにした２進数表現のことで、反射バイナリコードとも呼ばれます。

　絶対的な角度をディジタル値で出力するアブソリュート型では、バイナリーコードを用いるとデータ読み出しのタイミングによっては誤ったデータが得られる可能性があるため、どのビットを間違えても誤差は常に１で収まるグレイコードが用いられています。

バイナリーコード

10進数	………	8	4	2	1
0	………	0	0	0	0
1	………	0	0	0	1
2	………	0	0	1	0
3	………	0	0	1	1
4	………	0	1	0	0
5	………	0	1	0	1
6	………	0	1	1	0
7	………	0	1	1	1
8	………	1	0	0	0

２進数

グレイコード

10進数	………	2^3	2^2	2^1	2^0
0	………	0	0	0	0
1	………	0	0	0	1
2	………	0	0	1	1
3	………	0	0	1	0
4	………	0	1	1	0
5	………	0	1	1	1
6	………	0	1	0	1
7	………	0	1	0	0
8	………	1	1	0	0

２進数

信号出力が変化するときに読み取りミスが生じないようにした特別なコード

3　運動の精度

　産業用ロボットは、位置指令に対して、正確にその位置まで到達する「運動の精度」が求められます。注目すべき運動の精度は、指令した動作を忠実に繰り返す「繰り返し精度」、指定した空間位置に精度よく位置決めする「絶対精度」、空間軌跡に対する再生軌跡のばらつきを表す「軌跡精度」の3つです。精度の評価は、測定項目、測定条件、測定方法など JIS で定められておりますが、評価方法はメーカーによって異なります。

　一般的に運動の精度は、ロボットの製作精度や据付精度よりも厳しく設定されています。

3-1　位置繰り返し精度

　位置繰り返し精度は、JIS 規格によって、「同一条件で、同じ方法から位置決めしたときの測定値のばらつき」と定義されており、最大値と最小値の差で表されています。

　下図は、位置繰り返し精度の評価の一例です。標準作業領域の4隅の点（A、B、C、D）において、それぞれの対角から、PTP（Point To Point）による位置決めを行います。繰り返し動作を7回試行し、対角線方向のばらつきを測定して、4つの方向のうち、最大の誤差をもって位置繰り返し精度としています。また、メーカーによっては、30回以上の繰り返しを行って、標準偏差（σ）をとる場合もあります。メーカーがどのような方法で試行したのかについては、一般的に非公開です。

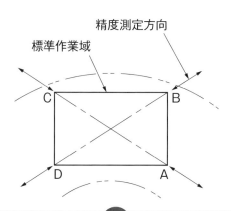

3-2　軌跡精度

　「軌跡精度」とは、文字のごとく、ロボットが移動する際の軌跡の精度のことです。この精度は、結果として描く自由曲線の軌跡の精度を意味しています。例えば、ロボットに鉛筆を持たせて、直線や曲線を描かせる図形評価がよく知られています。精度が優れない場合は、鉛筆で描いた線がゆらゆらと揺れたような形になったり、デコボコな円や楕円になったりします。また軌跡精度は、1回限りの試行だけでなく、数回同じ動作を繰り返したときに現れる「位置ずれ」も含まれます。万が一、位置ずれが現れたときは、その軌跡の上を走る線速度の精度補正や、各アームの長さ、角度原点の位置、座標系の位置関係などを見なおすことが考えられます。

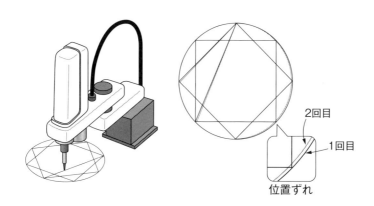

2回目

1回目

位置ずれ

軌跡精度に悪影響を与える「サーボ誤差」

　軌跡精度に悪影響を与える原因の1つに「サーボ誤差（サーボ系の遅れ）」があります。機械には慣性モーメント（GD2）があるため、速度指令に対して動作が遅れて追従できないことがあります。そこで、多くのサーボモータは、サーボアンプ内にある「偏差カウンタ」と呼ばれる容器に速度指令のパルス信号を溜めておき、動きに合わせて、パルスを出力する方法をとります。その溜められたパルスを「溜まりパルス」といいます。溜りパルスが大きくなると、モータの回転が指令に追いつけず、やがて軌跡精度に悪影響を与えます。

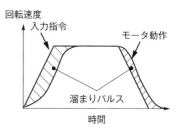

回転速度

入力指令

モータ動作

溜まりパルス

時間

(3-3) 絶対精度

　「絶対精度」とは、ロボットの移動量がプログラム指令と実際の動作とで一致するかどうかの精度です。例えば、ロボットの絶対精度が良くない場合では、プログラム上で、Xを10mm（YとZは0mm）の位置に動けと命令したにもかかわらず、現状、Xが9mmしか動かずに、YとZが1mm移動するという事態が起こります。プログラム上では問題がなくても、現場ではこのような位置ずれが生じることは少なくありません。その場合は、再ティーチング（微調整）が必要です。一般的には、絶対位置座標とロボット自身の座標系のゆがみを補正する校正データベースを構築し、そのデータベースに基づいて位置指令や速度指令を補正します。

　ここで重要なことは、絶対精度は、産業用ロボットのカタログに公表されていないことです。一般的には、繰り返し精度（再現性）として評価された値が公表されています。

「位置繰り返し精度」にも注意！

　カタログに記載の「位置繰り返し精度」の数値（例えば、±0.02など）は、一般的にメーカーのチャンピオンデータ（いくつか試行した中での一番よかったデータ）を表示しています。つまり、「ところ変われば精度変わる」ということです。ロボットやロボットの手先に取り付けるツールには個体差があり、季節による温度変化でも精度は変わります。なお、カタログには、以下のような注意書きがあります。よく確認しておきましょう。

（注）位置繰り返し精度は、JIS B8432に準拠しています。
　　　標準的なツールセンタポイント（TCP）での値です。

（注）周囲温度・機体温度一定時の一方向繰返し精度です。
　　　絶対位置決め精度ではございません。
　　　X-YおよびCに関してはZ上限での値となります。

（注）軌跡精度は保証しておりません。

（注）高軌跡精度用途では負荷30kg以下での適用を推奨します。

---

4 位置決めができないときの要因

　産業用ロボットでは、正確に位置決めができないということがあります。その多くは、メカのガタつきによる要因、ソフト側による位置決め指令の誤り、ロボットに使われる材料（寸法）のバラつき、などがあげられます。最近では、カメラ認識（ロボットビジョン）を使って座標を補正すれば、部品やワークに誤差があっても大丈夫だと思われる節もありますが、カメラ認識にも多かれ少なかれ誤差はあります。ここでは、位置決めができないというときの要因について、いくつかの事例を紹介します。

(4-1) 位置決めに関する不具合

①メカのガタ、振動よる要因

　サーボモータを搭載した産業用ロボットでは、減速機を含むモータから先のメカ駆動系の摩擦、経年劣化、位置ずれやガタによって、位置決めができない場合があります。指令パルスとフィードバックパルス量が一致している、つまり、制御系では問題がないのに位置ずれが生じた場合は、この原因が考えられます。メカ系の見直しや部品の交換などの検討が必要です。また、負荷の慣性モーメントの値が、モータのロータ慣性モーメントを超えている場合でも位置ずれは発生します。負荷慣性モーメントが仕様の推奨以下におさえられているかなど、見なおす必要もあります。

②原点決めが不完全による要因

　サーボアンプの設定モードで、「偏差カウンタリセット」を指定している場合、リセットにより溜まりパルスが「0」になるため、その分の原点位置がずれることがあります。このような場合は、原点決め（原点リサーチ）を行う必要があります。

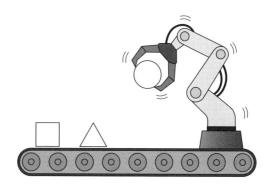

③指令位置の誤りによる要因

　上位のコントローラで、位置決め指令パラメータなどの指令位置が誤っていたり、多重起動している場合は、位置ずれが生じることがあります。

④指令単位の誤りによる要因

　位置決め指令単位が、ミリメートル［mm］や角度［°］などで指定する場合は、指令パルス量への単位変換を誤り、位置ずれを生じることがあります。

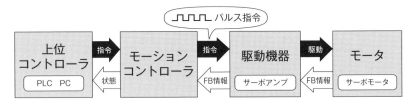

⑤上位コントローラ・サーボアンプ間の信号不正による要因

　コントローラとサーボアンプ間の指令方式がパルス指令の場合、外乱ノイズなどによりパルス量が増大、または消失して位置ずれを起こす場合があります。ケーブル周りに外乱要因がないか確認する必要があります。

⑥ビジョンカメラによる要因

　トラッキング※による処理速度や通信速度が遅れるとロボットの速度に遅れが発生し、位置ずれを生じる場合があります。

　また、ビジョンカメラとロボットの座標系を合わせるために使用するキャリブレーション治具の最初の設定を誤ると位置ずれを生じる可能性もあります。トラッキングは長い期間使用していると次第に位置がずれていくことがあります。

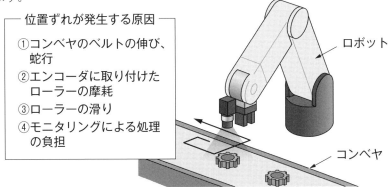

位置ずれが発生する原因

①コンベヤのベルトの伸び、蛇行
②エンコーダに取り付けたローラーの摩耗
③ローラーの滑り
④モニタリングによる処理の負担

ロボット

コンベヤ

※　「トラッキング」とは、追従するという意味で対象の移動距離や速度を知るためのセンサ（画像カメラ）で位置や向きを認識し追従させます。

(4-2) 作業例からみる精度の目安

産業用ロボットで必要とされる精度は、対象のワーク（製品精度）によって大きく異なり、精度に対する要求が低いものもあれば、高いものもあります。例えば、組立用のロボットでは、±0.05［mm］であれば十分だといわれています。また加工用のロボットでは、つなぎ目などで生じるわずかな段差が許容されないなど、相対的な精度が重要視される場合もあります。むやみに、一番良いスペックであればよいというわけではなく、作業対象ごとに、見合った精度を持つロボット本体を選びます。参考までに、作業例から見る精度の目安を掲載しておきます。

作業例から見る精度の目安

作　業	ツールとワークの接触	制　御	精　度	速　度	位置制御点
アーク溶接 （薄板量生産）	非接触	軌跡制御	0.2［mm］ 〜0.5［mm］	1 ［m/min］ 以下	トーチの 先端
アーク溶接 （中厚板、中小量 生産）	非接触	軌跡制御	0.5［mm］ 〜0.7［mm］	0.5 ［m/min］ 以下	トーチの 先端
スポット溶接	接触	位置決め 制御	1［mm］ 〜2［mm］	60〜100 ［m/min］	ガンの先端
塗　装	非接触	軌跡制御	1［mm］ 〜2［mm］	30〜60 ［m/min］	ノズルの 延長軸線
シーリング	非接触 （一部接触）	軌跡制御	0.5［mm］ 〜1［mm］	10〜20 ［m/min］	ガンの先端
バリ取り グラインダ	接触	軌跡制御	0.1［mm］	0.1〜0.5 ［m/min］	グラインダ の周面
ハンドリング	接触	位置決め 制御	1［mm］ 〜2［mm］	60 ［m/min］	ツメの 開閉中央点
トランスファ式 簡易組立 （多量生産）	接触	位置決め 制御 軌跡制御	0.05［mm］ 〜0.1［mm］	50〜150 ［m/min］	ツメの 開閉中央点
アセンブリセンタ式 組立 （精密はめあい）	接触	位置決め 制御 軌跡制御	0.01［mm］ 〜0.1［mm］	システム による	ツメの 開閉中央点
ピック＆プレース （ストローク 100 mm 以下）	接触	位置決め 制御 軌跡制御	0.01〜0.05 ［mm］	30〜50 ［m/min］	ツメの 開閉中央点

5 許容モーメント

　赤ちゃんには赤ちゃんの手の大きさ、大人には大人の手の大きさがあるように、産業用ロボットにも、サイズに見合った『ハンド（エンドエフェクタ）』が必要です。

　産業用ロボットに装着するハンドで考慮すべきことの1つに、ロボットの手先に、「どの大きさ・重さまでのハンドならば許容できるか」ということがあります。各メーカーによって表現の仕方はさまざまですが、「可搬重量」や「負荷モーメント」「負荷イナーシャ」などがその類にあたります。

　「慣性モーメント」とは、平たくいえば、『物の回しにくさ』、反対に『物の止めにくさ』を表す量で、「イナーシャ」と呼ばれています。イナーシャは大小で表されます。例えばフィギュアスケートで、腕を閉じている場合、くるくる回すのは容易ですが、腕を開くと回転がゆっくり、重くなります。これをイナーシャが大きいといいます。つまり、ロボットの手首から手の重心が離れているほど（またサイズが大きくなるほど）動きが重くなり、加減速時には、大きなエネルギーが必要になります。産業用ロボットは、各関節のモーメントが決められた許容を超えると素早い加減速が得られなかったり、軌跡のふらつきや位置決めができないことがあります。

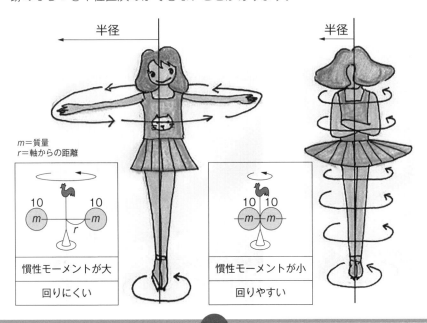

半径

m＝質量
r＝軸からの距離

10　　　10
m　　　m
r

慣性モーメントが大
回りにくい

半径

10 | 10
m | m

慣性モーメントが小
回りやすい

(5-1) 負荷モーメント

　一般的に、「負荷モーメント」とはロボットの手先の形状（ハンド）やワークを取り付けたときに、モータの回転軸が曲げられようとする力のことをいいます。

　例えば、下図のようにロボットの先端にハンドを取り付けて、ワークを掴みながら回転運動させることを考えたとき、A タイプでは、ハンドやワークが小さい（負荷モーメントが小さい）ので動くときにスムーズですが、B タイプでは、ハンドやワークが大きいため、動きが鈍くなり、精度への影響も懸念されます。負荷モーメントは、産業用ロボットのカタログに示される「許容以下」にしなければなりません。また単位にも注意が必要です。

　そして、重力によって生じる加速度などによって負荷モーメントが加わることもあるため、運動条件だけでなく取付条件にも配慮しましょう。

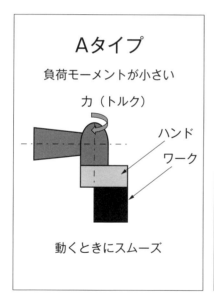

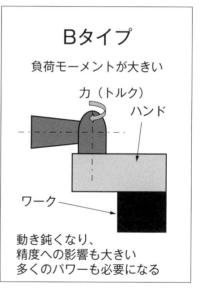

> ※注意
> 　負荷モーメントが大きいものを繰り返し始動（またはブレーキによる制動）すると瞬間的に非常に大きなトルクが発生し、減速機やサーボモータを破損するなど、思わぬ事故を招きます。

5-2 負荷モーメントの計算

　負荷モーメントは、ロボットの回転軸から、それぞれの「重心までの長さ」と「質量」を掛け合わせたもので求めることができます。使用するワークとハンドの重心と質量、および、関節ごとの姿勢（前後に傾ける方向、回転させる方向、左右に傾ける方向に加わる力など）をイメージして計算しましょう。

算出パラメータ

ハンドの質量	W_1 [kg]
ワークの質量	W_2 [kg]
ハンドの重心	L_1 [m]
ワークの重心	L_2 [m]

※　重力加速度　g [m/sec^2]

負荷モーメント　J [Nm]

$$J_1 = W_1 \times L_1 \times g + W_2 \times L_2 \times g$$

↑
この値がカタログの許容モーメント以内に収まることを確認する

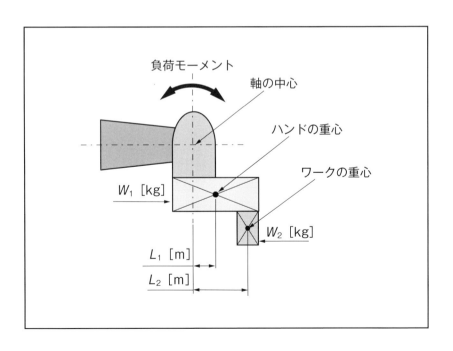

負荷モーメント

軸の中心

ハンドの重心

ワークの重心

W_1 [kg]

W_2 [kg]

L_1 [m]

L_2 [m]

（5-3）負荷イナーシャ

　負荷のイナーシャが大きくなると、それに比例して大きな加速（減速）トルクや停止トルクが必要になります。サーボモータを用いた産業用ロボットでは、急起動や急停止ができなくなるという現象が起こります。また、ゆっくりと立ち上がるような加速しか動作できなくなるといった症状も現れます。

　例えば、Aタイプのようにモータ軸の中心付近にハンドやワークを配置した場合は、モータで回転させるとスムーズに加速・減速ができますが、Bタイプのようにモータ軸の中心から離れた位置にハンドやワークを配置した場合では、イナーシャ比、すなわち、モータの回転軸の力と負荷側（ハンドやワーク）の回転部分の力の比が大きくなり、急な加減速が困難になります。また、減速機が耐えられずに壊れてしまうこともあります。負荷イナーシャは、カタログの「半分以下」におさえるのが目安です。

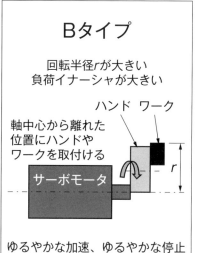

※注意
　負荷イナーシャが大きいものを繰り返し始動（またはブレーキによる制動）すると瞬間的に非常に大きなトルクが発生し、減速機やサーボモータを破損するなど、思わぬ事故を招きます。

負荷イナーシャの計算

　負荷イナーシャは、ハンドの形状、ワークの形状からそれぞれ求め、合算した値が許容イナーシャに収まるようにします。同じ質量であっても、モータ軸中心から半径（L_1 [m]、L_2 [m]）が大きくなるほど、回転させるのに大きな力（トルク）が必要になります。半径方向を考慮して計算しましょう。

算出パラメータ

ハンドの質量	W_1 [kg]
ワークの質量	W_2 [kg]
ハンドの重心	L_1 [m]
ワークの重心	L_2 [m]

※　重力加速度　g [m/sec^2]

負荷イナーシャ（ハンド）　J_1 [kg・m^2]
$$J_1 = W_1 \times (a_1{}^2 + b_1{}^2)/12 + W_1 \times L_1{}^2$$

負荷イナーシャ（ワーク）　J_2 [kg・m^2]
$$J_2 = W_2 \times (a_2{}^2 + b_2{}^2)/12 + W_2 \times L_2{}^2$$

総負荷イナーシャ　J [kg・m^2]
$$J = J_1 + J_2$$
↑
この値がカタログの許容イナーシャ以内に収まることを確認する

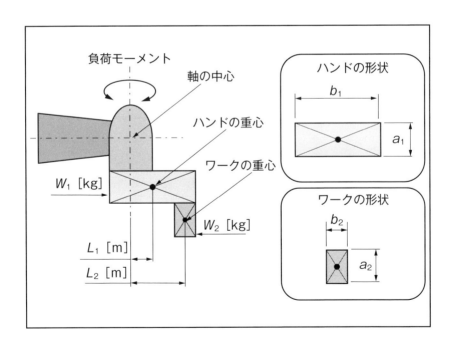

6 力制御

産業用ロボットの手先がワークなどに接触するときには、力の作用・反作用によって、必要以上の力が加わります。この力の加減を制御することを「インピーダンス制御」といいます。インピーダンス制御には、いくつかの種類があります。ロボットの剛性を低くしてしまうと、位置決め精度がでなかったり、重いものを把持できなかったりすることから、作業方向は剛性を高くし、他方向の剛性は低くなるようにあらかじめしておくのが受動インピーダンス制御です。一方で、ワーク（作業対象）に接触したときに作業方向に余分な力が働かないように自ら働きかけて力の調整することを能動インピーダンス制御といいます。一般的に、力制御というと能動インピーダンスを指します。

(6-1) コンプライアンス制御

能動インピーダンス制御には、マニピュレータの「(位置)/(力)」を線形関係で関係づけて制御する「コンプライアンス制御」があります。コンプライアンス（compliance）は柔軟性、追従性という意味があり、剛性の逆数で表されます。コンプライアンス制御は、主に、自動組立作業などで用いられています。

自動組立では、穴に軸を挿入したり、軸に穴の開いたワークをはめ込むなどの工程が多くあります。軸と穴の中心線が平行であっても、一致しない場合を「軸ズレ」と呼び、軸と穴の中心線が平行でない場合を「軸倒れ」といいます。軸ズレと軸倒れが、軸と穴の許容公差範囲を超えると、軸（ワーク）を穴に挿入することができません。しかし、軸ズレだけの場合、あるいは、軸倒れだけの場合は、平行移動させるか、回転させるかで、中心線と一致させることができます。この機能を手先に持たせるのがコンプライアンス制御の特徴です。

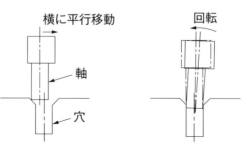

軸ずれコンプライアンス　　軸倒れコンプライアンス

軸ズレ、軸倒れを解決するには、大きく2つの方法があります。

1つは、軸ズレ、軸倒れの度合いをセンサを用いて定量的に検出し、サーボ機構で修正する方法です。もう1つは、ばねやダンパーのような機械要素をロボットの手先に持たせることです。この代表的なものに、RCC（Remote Center Compliance）と呼ばれる機構があります。

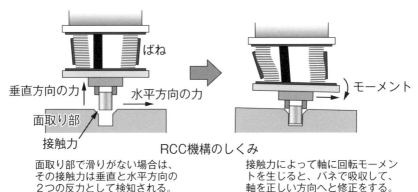

RCC機構のしくみ

面取り部で滑りがない場合は、
その接触力は垂直と水平方向の
2つの反力として検知される。

接触力によって軸に回転モーメントを生じると、バネで吸収して、
軸を正しい方向へと修正をする。

力の制御は、コンプライアンス制御の他に、「(速度)/(力)」を線形関係で関係づけて制御する「ダンピング制御」があります。この制御は、手先に作用する抵抗に応じて速度を調整するものです。現在では、手先がワークに接触開始するまではコンプライアンス制御を用いて位置誤差を吸収し、接触開始後は、位置と力をそれぞれに制御する「ハイブリッド制御」やダンピング制御なども取り入れて、複合的に正確な力制御を実現しています。

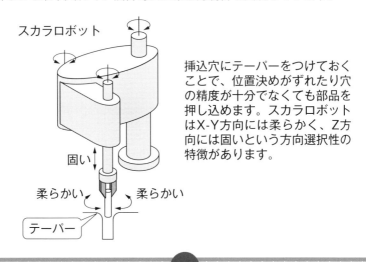

挿込穴にテーパーをつけておくことで、位置決めがずれたり穴の精度が十分でなくても部品を押し込めます。スカラロボットはX-Y方向には柔らかく、Z方向には固いという方向選択性の特徴があります。

ここがポイント　バックドライバビリティ

　ロボットの関節やアクチュエータの出力軸に外力（トルク）を加えることで駆動系が動作することを「バックドライブ」といいます。一般的な機械装置は、Aタイプのようにバックドライブで機械を動かしています。一方、バックドライバビリティとは、逆駆動性、および、駆動系の伝達のしやすさと解釈されています。Bタイプのように負荷側から外力を加えたときの装置（モータ側）の動きやすさともいえます。

　減速機がある装置では、減速比が大きくなると、大きな力を出すことができますが、動きは遅く摩擦が大きくなり、駆動系の伝達がしにくくなります。これをバックドライバビリティが低いといいます。反対に、摩擦が小さくなることをバックドライバビリティが高いといいます。バックドライバビリティが高くなれば、アクチュエータのムリな力を吸収し、破損しにくくなるなどの利点を得ることができます。

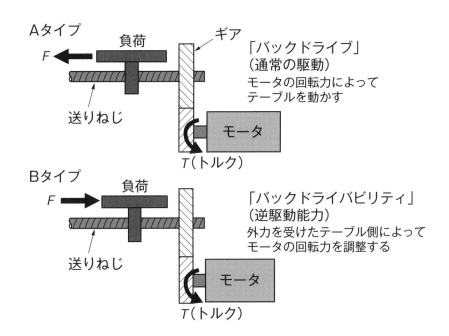

★ロボットが外力から力を受けたときに、その力から逃げる方向に動作できます。人とロボットの協調作業では重要な概念です。

6章

産業用ロボットの基本性能とカタログの活用

7章

産業用ロボットの周辺機器

1 産業用ロボットの周辺機器 および関連装置

　パソコンをより快適にするには、PC 本体だけでなく、マウスやキーボード、プリンタなどの周辺機器が必要です。産業用ロボットも同様に、ロボット単体で作業することはほとんどなく、周辺装置と密接に結びついて（システムインテグレーションされて）います。

　例えば、部品の箱詰め作業のライン工程では、部品や箱を運ぶ「コンベヤ」、部品を整列・供給する「自動供給装置」、製品を識別する「カメラ」などと同期をとりながら動作しています。

　また、危険な作業をともなう場合は、人とロボットとの間に設ける安全柵も配置します。この章では、主に生産ラインで必要となる周辺機器や関連装置を取り上げて説明します。

必要な周辺機器および周辺装置の例

- ・ロボットハンド 　　・搬送装置 　　　　　 ・安全柵
  　（エンドエフェクタ）　（コンベヤなど）　　・専用装置
- ・カメラ 　　　　　　・供給装置 　　　　　 ・通信機器
- ・ビジョンセンサ 　　（パーツフィーダなど）・架台　 ・治具

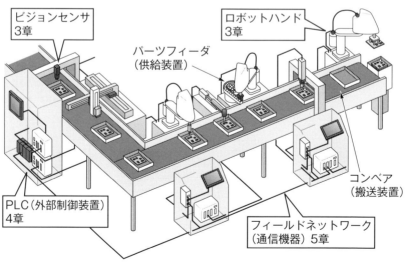

ビジョンセンサ
3章

ロボットハンド
3章

パーツフィーダ
（供給装置）

コンベア
（搬送装置）

PLC（外部制御装置）
4章

フィールドネットワーク
（通信機器）5章

産業用ロボットを用いた箱詰めシステム

2 自動供給装置

　自動供給とは、部品や材料などが貯められた容器から、自動的に整列・分離などを行って、部品を待機させる場所（装入待機位置）まで送り込むことをいいます。自動供給でよく使われる用語には、「送路（トラック）」や「シュート」などがあります。送路とは、自重や強制力によって部品を送るための通路のことです。また、シュートとは、重力を利用して部品を案内（ガイド）に沿って滑らせながら（または転がして）送る送路をいいます。

　自動供給には大きく２つのポイントがあります。任意の状態にある部品を１つひとつひろいだして、決められた位置に決められた姿勢で送ることと、必要な部品を必要な時に、必要な量だけ供給することです。その方式には、さまざまな種類があり、またメーカー独自のノウハウもあります。

「整列」

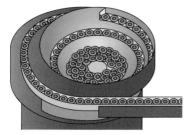

バラバラな部品の方向や姿勢を一定にそろえること。

「分離」

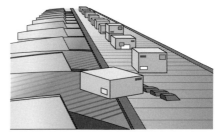

連続して流れてくる部品の中から、１個または数個を切り離すこと。「切り出し」、「１個取り」と呼ばれる。

Point

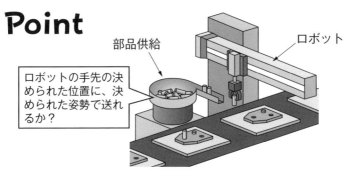

部品供給

ロボット

ロボットの手先の決められた位置に、決められた姿勢で送れるか？

自動供給システム

2-1 自動供給の方式

　自動供給の方式は、連続供給方式、製造供給方式、配列供給方式、整列供給方式（ばら積供給方式）の４つに大きく分類されています。よく利用されている方式は、配列供給方式と、整列供給方式の振動式と揺動式です。

　産業用ロボットにとって理想的な部品供給は、ロボットが振り向いたり、姿勢を変えたり、大きく腕を伸ばしたりすることなく、必要な部品が手元にあることです。また、部品を落とさずにつかみやすいことも重要です。

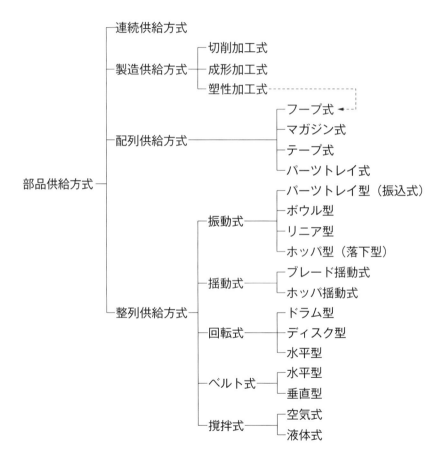

部品供給の分類

[出典：最新部品供給技術総覧編集委員会「最新部品供給技術総覧」産業技術サービスセンター（1986）]

①パーツトレイ式

　パーツトレイは、部品を平らなトレイに並べて、取り出せるようにした方式です。この方式は、ロボットハンドで取り出しやすいような形状にすることはもちろんのこと、しきりを設けて、トレイに収納されている部品を見やすくするのもポイントです。一般的に、トレイの形状は、多段積みができるように工夫されています。

　パーツトレイ式は、部品を倉庫へ格納したり、無人搬送車（AGV）などを利用した後工程の搬送でも活用できるように設計されています。

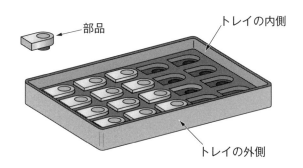

部品

トレイの内側

トレイの外側

②フープ式とテープ式

　フープ式は、部品を一部だけ残し、パイロット穴と呼ばれる帯状の部分から打ち抜くだけの状態にして供給する方式です。整列が困難な小さな部品は、バラバラの状態にせずにフープ化されて（長い帯状に配置されて）供給されます。これと似た方式に、小型の部品を等間隔にマウントしてテープに収めて供給するテープ式があります。一般的にはリールに巻いた状態で生産現場に持ち込み供給します。巻きつけることができない場合には、一定の長さに切断して、マガジンに入れて供給することもあります。

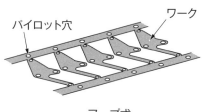

パイロット穴　　　ワーク

フープ式
（小物プレスワーク）

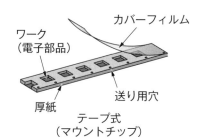

カバーフィルム

ワーク
（電子部品）

送り用穴

厚紙

テープ式
（マウントチップ）

139

第7章　産業用ロボットの周辺機器

③マガジン式

　マガジンはその名の通り「弾倉」という意味合いの方式です。部品を特定の容器の中に並べて収納しておき、端の出口から1個ずつ取り出しながら供給します。

　例えば、下図の（1）および（2）のようなマガジンに部品をそろえて積んでおき、（3）のように鉛直方向に積まれた部品を低部からプッシャと呼ばれる板で1個ずつ押しだします。マガジンに収納された部品を自重により順次落下させたり、部品を下から押し上げ、上部から1つずつ取り出す方式もあります。また、（4）や（5）のように、割出し※テーブルにマガジンを配列し、ロータリ・マガジンとして供給する場合もあります。

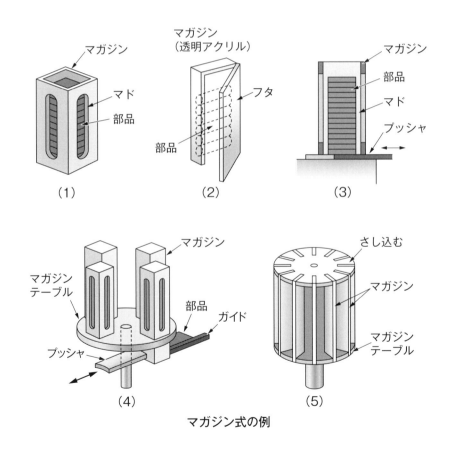

マガジン式の例

※　割出しとは、回転軸を適切な角度に位置決めする機能のこと。

④振動式と揺動式

　大量の部品をバラバラのまま容器にいれて供給する装置を「ホッパー」といいます。ホッパー方式でよく用いられているのは、振動や回転による遠心力を利用して、部品を容器の出口まで供給する振動式です。ホッパー装置は、部品の形状に制約がある場合が多く、制限板や穴、カギ、ツメなどを設けて供給することが多々あります。

　揺動式のホッパーは、ボルトやねじ類などの小さな部品の供給に使われています。ホッパーは、大量の部品や部材を一気に、かつ、同一の方向に姿勢を正して送り込むという特徴から「パーツフィーダ」と呼ばれています。パーツフィーダの先には、「シュート」や「直進振動フィーダ」と呼ばれるガイドが取り付けられたり、ベルトコンベヤなどが連結されたりします。

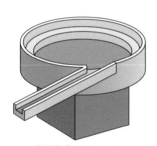

振動式のホッパー

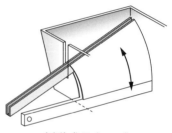

揺動式のホッパー

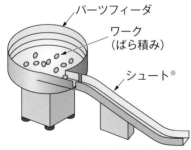

※シュートとは、重力を利用し部品を案内に
　沿って滑らせたり、転がして送る通路

パーツフィーダとシュート

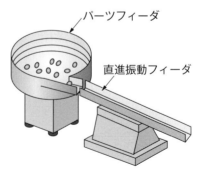

パーツフィーダと直進振動フィーダ

(2-2) パーツフィーダによるアイデア

パーツフィーダでは、分離や整列させる方法がいろいろと工夫されています。ここでは、自動供給で見られるアイデアと方法をいくつか紹介します。

①

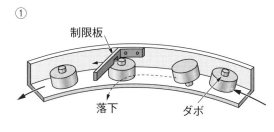

「ダボ」と呼ばれる部品の突起物と「制限板」を用いて部品を分離させる方法。整っていない部品は姿勢が整うまで落下させ、これを繰り返しながら整列されます。

②

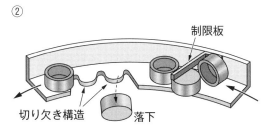

「切り欠き」と「制限板」を用いて部品を分離させる方法。整っていない部品は整うまで落下させ、これを繰り返しながら整列されます。

③

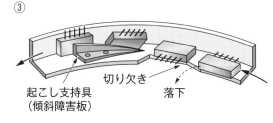

「切り欠き」と「起こし支持具」を用いて部品を分離、整列させる方法。整っていない部品を落下させ、整った部品の向き（姿勢）を変えて供給します。

④

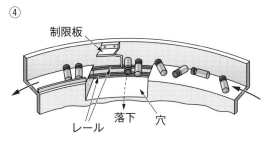

「レール」と「制限板」を用いて部品を分離、整列させる方法。整っていない部品はレール上に乗れないようにして落下させ、制限板では部品の向きが違うものを落下させて、条件の合うものだけを供給します。

⑤

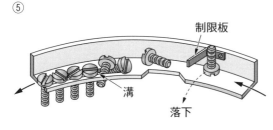

制限板

溝

落下

「溝」と「制限板」を用いて部品を分離、整列させる方法。整っていない部品は制限板で落下させ、整っている部品は、溝にはまるようにして向きを同一方向にして供給します。

⑥

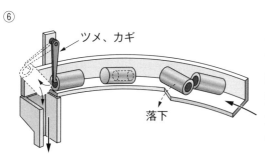

ツメ、カギ

落下

「ツメ」と「切り欠き」を用いて部品を分離、整列させる方法。整っていない部品は切り欠きで落下させ、整っている部品は、ツメやカギを設けて向きを変えて供給します。

2-3 自動供給装置の選定

　部品を大量に供給する場合は、パーツフィーダが適しています。一方、ある程度の重量があり、組付けや検査などで精度が求められる場合は、1つひとつ丁寧に部品を供給する必要があります。その際、人の作業に近い多軸ロボットや双腕ロボットの利用も検討します。多数の部品を同時に組付する場合は、パーツトレイを用いたり、専用の部品供給ユニットを用意することも必要となります。

　部品のサイズや形状に制限のある場合は、特殊部品に合わせた専用の装置も必要です。部品供給は、ロボットシステムの効率化の中で大きな役割を果たしています。

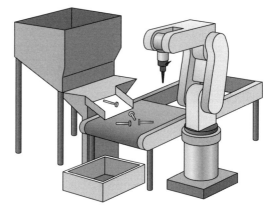

3 自動搬送装置

　自動搬送装置※の代表的なものに「無人搬送車（AGV：Automatic Guided Vehicle）」や「昇降機」などがあります。またロボットの身近にある搬送装置には、「コンベヤ」や「回転テーブル」などがあります。回転テーブルの中で、高精度な「割出し」が行えるものを「インデックステーブル」と呼びます。下図の①、②、③は「搬送工程」に組み込まれ、④、⑤は「製造工程」に組み込まれます。

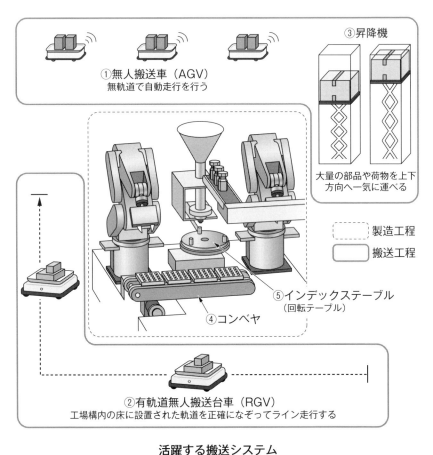

活躍する搬送システム

※　搬送装置は、「製造工程」と「搬送工程」に分類されています。

3-1　無人搬送車と自律搬送車

　移動搬送車は大きく分けて２つあります。磁気テープやガイドに沿って固定ルートの走行する「無人搬送車」と、磁気テープやガイドなどの制約を受けることなく、あらゆる場所で移動できる「自律搬送車」、通称 AMR（Autonomous Mobile Robot）です。

　無人搬送車には、床面に磁気テープや磁気棒を敷設し、それらが発する磁気により誘導されて走る AGV（Automatic Guides Vehicle＝無人搬送車）と、床面に設置された軌道レールから電源供給を受け、ガイドに沿って自走する RGV（Rail Guided Vehicle＝有軌道無人搬送車）があります。一方、AMR は、カメラや高性能センサなどによるセンシング情報をもとに、位置特定と地図作成を同時に行う「SLAM：Simultaneous Localization and Mapping（スラム）」という技術を活用して、人や障害物を回避しながら、自動でルート生成を行い移動します。近年では、AMR の上部にアームロボットを取り付け、AI システムより高度な作業も行っています。

　また、物流業界では、AGV／AMR に加えて、QR コードなどのセンシング情報をもとに、床面を移動して棚の下に潜り込み、倉庫作業者の付近まで棚ごと商品を搬送する「GTP（Good to Person）」と呼ばれる棚搬送移動ロボットも活用されています。

ロボット搬送車の例

7章

産業用ロボットの周辺機器

3-2 コンベヤ

　コンベヤ（コンベアとも呼ぶ）とは部品や製品を一方向に、一定スピードで運搬する装置のことです。ベルトコンベヤをはじめ、チェーンコンベヤ、ローラコンベヤ、スクリューコンベヤなどたくさんの種類があります。

【ベルト式コンベヤ】

　ベルト式コンベヤは最も多く用いられています。ゴム・樹脂・スチールなどで作られたベルト状のものをフレームの両端にあるプーリ（ローラー）にはわせ、その上に搬送物を載せてモータ駆動で搬送します。水平・凹凸など運搬するもの形状に合わせられるのが長所です。また、複数のコンベヤを簡単に連結させることができるため、長い運搬経路を確保することもできます。

【チェーン式コンベヤ】

　チェーンの上に直接搬送物を載せて搬送するコンベヤのことです。パレット搬送のほか、温度・密封性・カーブ・耐久性・重量搬送・設置環境などの条件などで、ベルト式コンベヤは対応できない場合に採用されています。

　一般的に用いられるベルトコンベヤは、モータ軸（駆動軸）を下流側（ヘッド側）にします。プーリ径は、ある程度大きくしておかないと、搬送速度が出なかったり、トルクが出なかったりするので注意が必要です。コンベヤの乗り継ぎ部のプーリ径が大きくなりすぎると、乗り継ぎ時にワークが衝撃を受けたり、プーリ間に落下してしまうことがあります。その場合は、乗り継ぎの部分がナイフのように尖っている「ナイフエッジコンベヤ」で対応します。このときのモータ軸の位置は、速度不足、トルク不足が起こりにくい、コンベヤの中央付近に配置します。

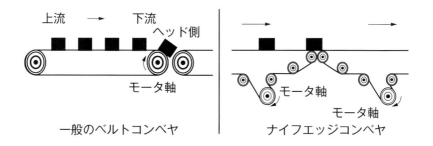

一般のベルトコンベヤ　　　ナイフエッジコンベヤ

3-3 インデックステーブル（回転テーブル）

インデックステーブルは、ロータリテーブル、ターンテーブル、旋回テーブルとも呼ばれており、仕組みの違いによって、①ロータリ式、②インデックス式、③ダイレクトドライブ式の3種類があります。

①ロータリ式

ウォームギアとウォームホイルを使った方式と、平歯車列を組み合わせた方式の2通りがあります。両者とも高精度な値で位置決めができます。しかし、テーブルの方が搬送の下流側であれば、テーブルの速度を若干上げて（搬送能力を上げて）コンベヤからの荷受けを円滑に行うようにします。

②インデックス式

インデックス式は、割出装置と呼ばれており、一方向に「停留−位置決め−停留」の間欠動作を行う方式です。この方式は、直動型と回転型の2種類があります。一般的にインデックスというと回転型を指します。回転型での間欠動作では、「割出数[1]」、「割付角[2]」、「停留角[3]」を決める必要があります。代表的なものに、バレルカム、ローラギヤカム、パラレルカムやジェネバ機構やラチェット機構などがあります。

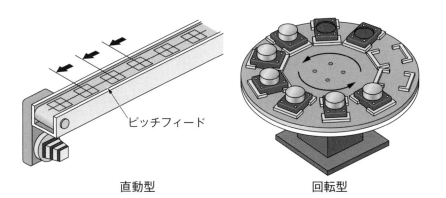

ピッチフィード

直動型　　　　　　　　　　　　　回転型

※1 「割出数」とは、出力軸1回転中に停留又は停止する回数のこと。
※2 「割付角」とは、出力軸を1割出するのに要するシャフトの回転角度のこと。
※3 「停留角」とは、出力軸が停留している角度のこと。割付角と停留角の和は360°です。

①バレルカム

　バレルカム方式は、駆動軸にバレル（樽）状の立体カムを使うのが特徴的です。円形状に形成された溝を回転テーブルの下面にあるテーパのカムフォロアがなぞると、テーブルを間欠動作させます。溝の形状で、多様な動きを作ることができます。2つのカムフォロアがバレルカムを挟むようにするとバックラッシュも少なくできます。構造上、割出数は最低でも8程度、多いと48〜60程度のものもあります。割出し精度は30°以下です。

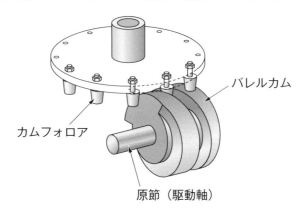

バレルカム

カムフォロア

原節（駆動軸）

②ローラギアカム

　ローラギアカムはグロボイダルカムともいわれています。カムフォロアを放射状に配置し、等速回転で間欠動作をさせます。この機構の最大の特徴は、軸間を容易に調整でき、適切な与圧をかけることでバックラッシを"0"にできることです。割出数は一般的に2から24といわれています。高速、高精度の機構に適しています。割出し精度は±30°以下です。

カムフォロア

ローラギアカム

③パラレルカム

　パラレルカム機構は、2枚の板カムを同軸に2枚重ねてあり、カムフォロアも2段の組み合わせになっています。原節（入力軸）と従節（出力軸）が平行に配置されており、カムフォロアを順次送り出す間欠割出機構です。割出数は1から8程度で、割出精度は±30°から±60°です。高速運転で用いられますが、停止時の被駆動軸の回転剛性が若干低いという欠点があります。

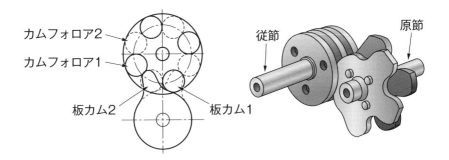

④ラチェット機構

　ラチェット機構は、爪車とツメから構成されており、一方向にのみ回転させます。爪車にはのこぎり状の歯が加工されており、ツメで歯をひっかけ、押し出しながら間欠動作させます。一般的にツメには、焼き入れ[※1]・焼き戻し[※2]処理がされた強い材質のものが用いられています。ツメが有効に働くのは加速する場合だけで、減速するときにはブレーキなどの減速手段が必要です。この機構は、小さい機構や慣性の少ない駆動でよく使われています。ラチェット機構の代わりにクラッチを使う場合もあります。

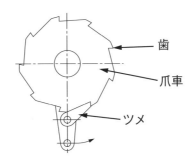

※1　焼き入れとは、炭素を含む鋼材を加熱して、急速冷却することで鋼を硬くすること。
※2　焼き戻しとは、焼き入れを行った鋼に、硬さを減少させて粘りさを出すためにする熱処理のこと。

⑤ジェネバ機構

ジェネバ機構（または、ゼネバ機構と呼ぶ）は、簡単に間欠駆動を実現できる機構として、古くから使われています。割出数 n が決まれば、従節の振り角 β（1 割出しで従節の回転する角度）が決まり、原節の振り角 α（1 割出しに必要な原節の回転角度）も決まります。

式で表すと以下の通りです。例えば、割出数 $n=5$ のときの原節振り角 α、および従節の振り角 β は、式に当てはめると、それぞれ $\alpha=108°$、$\beta=72°$ になります。

$$\beta=\frac{360°}{n} \qquad \alpha=180°-\frac{360°}{n}$$

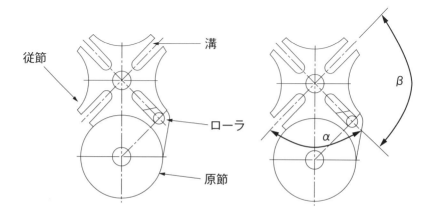

また、原節が 1 回転する時間を t とすれば、割出しに要する時間 t_h と、従節の停留時間 t_d は次の式で表されます。例えば、割出数＝5 のとき、原節回転数 20 r/min のとき、従節の割出時間と停留時間は、それぞれ $t_h=0.9$ 秒、$t_d=2.1$ 秒になります。

（※原節 20 r/min（20 rpm）は、60 秒÷20 秒＝3 秒で、1 回転の t＝3 秒となる。）

$$t_h=\frac{180°-\dfrac{360°}{n}}{360°}=t\left(0.5-\frac{1}{n}\right)$$

$$t_d=t\left(0.5+\frac{1}{n}\right)$$

⑥ダイレクトドライブ方式

　ダイレクトドライブ方式は、モータと回転テーブルを直結して動かす方式です。この方式で使われるダイレクトドライブモータ（Direct Drive Motor）はDDモータと呼ばれることもあります。一般的な位置決め機構で用いられる歯車（減速機）を使用していないため、回転速度は速く、機械部品の摩耗やバックラッシが回転精度に影響しないというメリットがあります。加えて、高加速度・高位置決め、低速・高トルクといった特徴もあります。また、ギアレスにすることによって、「バックドライバビリティ　6章p.133」を有する機構ともなります。しかし、ダイレクトドライブモータではモータの極数に依存して（増やして）停止角を分割するため、構造が複雑で高価になり、中間機構と比較して滑らかな動きが出しにくい（回転ムラやコギングがある）というのが欠点です。

一般的な位置決め機構

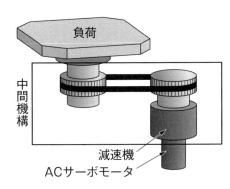

※ベルトドライブでは、
　回転させるもの（負
　荷）に重量があると
　慣性の法則が働いて
　モータの回転ムラを
　吸収してくれます。

中間機構

負荷

減速機

ACサーボモータ

ダイレクトドライブ方式による位置決め機構

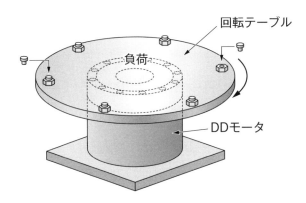

回転テーブル

負荷

DDモータ

自動供給の演習問題

　下図は、ギヤードモータによってボールねじを駆動し、インデックステーブルを駆動させる装置です。スライドテーブルの上には、シリンダによって上下移動する供給ロボットが搭載されています。この装置の（1）ボールねじの回転数、（2）ギヤードモータの減速比、（3）定速移動に要する計算上の出力（走行抵抗は 0.01 [kN]）について求めてみましょう。

搬送装置の仕様	
搬送装置本体の質量	M_1＝200 [kg]
チャック部の質量 （ワークの質量含む）	M_2＝60 [kg]
標準速度	V_x＝180 [mm/s]
全機械効率	0.7
駆動源 （ギヤードモータ）	AC 220 V 60 Hz　4P

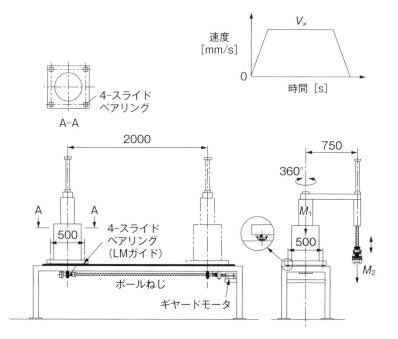

求め方

（1）ボールねじの回転数

　回転数とは、回転速度のことです。ボールねじの回転数を求めるときは、用いるボールのリード［L］の値が必要になります。リードとは、ねじが1回転したときに進む距離のことで、ピッチ［P］と同等の値です。ピッチは、隣り合う山の中心間距離です。例えば、ピッチが12mmの場合、リードも12mmです。

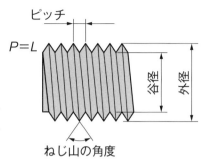

回転数（回転速度）＝移動速度/ねじのリード

$$N_1 = V_x / L$$
$$N_1 = 180 \ [\text{mm/s}] / 12 \ [\text{mm}]$$
$$N_1 = \underline{15 \ [\text{s}^{-1}]}$$

単位変換
$[\text{mm/s}]/[\text{mm}] = [1/\text{s}] = [\text{s}^{-1}]$

（2）ギヤードモータの減速比

　ギヤードモータは、モータと減速機が一体となって構成されているモータです。減速比［i］とは、減速機における入力と出力の速度比率のことです。つまり、入力軸が1回転したときに、出力軸では何回転になるかが示すもので、「回転数」を基準に考えます。

　また、減速比は力の変化の割合も意味しています。例えば、入力軸の歯車の歯数が10、出力軸では歯数が20だとします。単純に、入力軸を2回転させると、出力軸は1回転することになります。つまり、出力軸から見ると、入力軸の回転数は1/2になりますが、出力軸では2倍の力を発生させることができます。

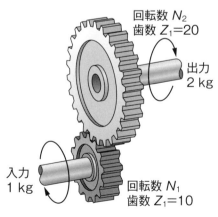

回転数 N_2
歯数 $Z_1 = 20$

出力
2kg

入力
1kg

回転数 N_1
歯数 $Z_1 = 10$

減速比 $i = Z_1 / Z_2 = N_1 / N_2$

ここで、入力軸の回転数 N_1 については、ボールねじの回転数になりますが、出力軸の回転数 N_2 については、ギヤードモータの仕様を参考に求めます。

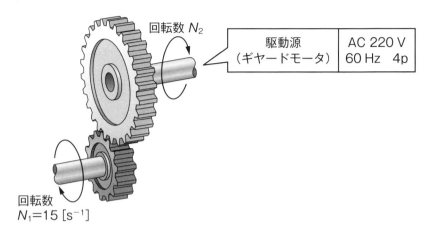

回転数 N_2

駆動源 （ギヤードモータ）	AC 220 V 60 Hz 4p

回転数 N_1=15 [s^{-1}]

　まず、最初に確認することは、AC220 V という項目です。AC とは、誘導電動機のことで、交流モータを意味します。交流を電源とする回転機は、その特性から回転速度を同期速度といいます。同期速度は、以下の式で求められます。

$$同期速度\ N_2 = \frac{120 \times 周波数\ f}{モータの極数\ p}$$

　ここで、極数について説明します。AC モータは、磁石で回転力を得ており、S 極と N 極が隣り合わせになるように設置されています。このときの磁極の数を極数と呼びます。下図のように、S 極と N 極が 1 セットの場合を 2 極や 2P などといいます。P は pole（極）という意味です。同期速度は、周波数に比例し、極数に反比例します。つまり、極数が増えると回転数が小さくなります。ここで、式を使って、同期速度（回転数）を算出し、続いて、減速比を求めます。

| 2極 | 4極 | 8極 |

$$同期速度\ N_2 = \frac{120 \times 60\ [\mathrm{Hz}]}{4} = 1800\ [\mathrm{rpm}] \underline{= 30\ [\mathrm{s}^{-1}]}$$

$$減速比\ i = N_1/N_2 = 15\ [\mathrm{s}^{-1}]/30\ [\mathrm{s}^{-1}] \underline{= 1/2}$$

（3）定速移動に要する計算上の出力

　物体を移動させるときには、一定の速度に到達するまでに、どのくらいの力（＝パワー）が必要なのかを求めなくてはなりません。これを出力を求めるといいます。

　電動機（モータ）の出力を求める式は、項目ごとにいくつかあります。

　ここでは、(2)式を使って算出します。

〈電動機の軸出力　P〉

$$P = \frac{2\pi \times T \times N}{60 \times 1000} \quad \cdots (1)式$$

　P：電動機の軸出力　[kW]

　T：電動機軸トルク　[Nm]

　N：電動機回転速度　[min^{-1}] または [rpm]

〈電動機の走行出力　P〉

$$P = \frac{W \times Fi \times v}{60 \times \eta} \quad \cdots (2)式$$

　W：走行部の総重量　[kN]

　Fi：車輪抵抗　[kN]

　v：走行速度　[m/min]

　η：装置の機械効率

(2)式より、

単位変換
[kg] から＝[kN]

$$P = \frac{\dfrac{200+60}{1000} \times 9.8 \times 0.01 \times 0.18 \times 60}{60 \times 0.7}$$

$$= 0.0065\ [\mathrm{kW}] \underline{= 6.5\ [\mathrm{W}]}$$

単位変換
[mm/s] から＝[m/min]

8章

産業用ロボットに関する法令およびび規則

1 産業用ロボットにおける事故

　産業用ロボットから生じる人的事故は、「労働災害」といいます。労働災害がどのような経緯で起こり、どれほどの被害をもたらすかは、産業用ロボットに関わるすべての者が理解しておかなければならないことです。

1-1 　Urada ケース（事故例）

　1970 年代後半に、産業用ロボットが普及するようになると、不慣れな作業者がロボットを扱う機会が増え、同時に、製造現場での事故が確認されるようになりました。

　特に「**可動領域に入り込んでの事故**」の事例報告が極めて多くなりました。1981 年 7 月に K 重工業の工場内で発生した死亡事故、「ウラダ（Urada）ケース」は、重大事故からの教訓としてよく知られています。

　産業用ロボットの動力を絶たないままの状態で、ロボットの可動領域内に進入した作業者（ウラダさん）が、機械に背中を向けた姿勢で作業したところ、油圧駆動のロボットに背後から抑えつけられました。バタバタともがいている状態を発見した同僚が、「危険な状態を発見したら機械を止める」との作業規定通りに、非常停止押しボタンスイッチを押し、電源元を遮断しました。しかし、作業者が挟まれたままの状態で止まってしまい、そのときの救出方法がわからず、救出されたときには絶命していました。

　このときの産業用ロボットは、チョコ停[※1] の状態でした。

> Urada ケースの教訓：「**産業用ロボットに決して背中を向けてはならない**」
> 　　　　　　　　　　「**非常事態における対処方法は、**
> 　　　　　　　　　　　　**全関係者が知らなければならない**」

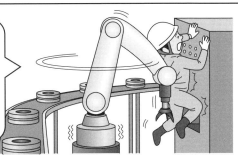

> [※1] **チョコ停**
> 工場内で何らかのトラブルが発生し数分から数十分レベルで一時的に設備や生産が停止・空転する現象で、「空転ロス」といわれています。

158

1-2 可動領域内で起こる事故例

　産業用ロボットにおける労働災害のほとんどは、下図のように、ロボットシステムに異常が発生したときに、作業者がロボットの「可動領域に立ち入るタイミング」で発生する事故です。事故を未然に防ぐために、事業者及び作業者が講ずべき措置については、「労基法等関係法令の規定」に定められています。万が一、事故が発生した際は、それらの規定をもとに、各関係者の対応に不備がなかったかの調査が行われます。法律や規定を理解し、どのようなことに気をつけるべきかをしっかりと熟知しておく必要があります。

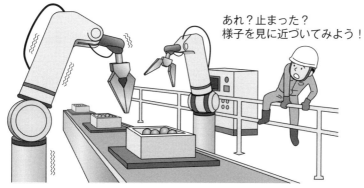

３原則
入るな、
拾うな、
取るな。

あれ？止まった？
様子を見に近づいてみよう！

ロボットが落とした
モノを拾おう！

不良品を
取り除こう！

2 労働安全衛生法と規則

　産業用ロボットは、人と接触するなど大きな事故につながる可能性があるため、法律（労働安全衛生法）と規則（労働安全衛生規則）が定められています。労働安全衛生法は、労働災害防止のための指針や法律について規定されています。しかし、産業用ロボットに関する具体的な規定は設けられていません。一方、労働安全衛生規則の中には、労働安全衛生規則（省令）というものがあり、産業用ロボットの設置や作業時に遵守しなければならないルールについて決められています。仮に、規則を怠った場合は、事業者および作業者に対して、「懲役」または「罰金」の罰則が科されます。

〈労働安全衛生に関する法体系図〉

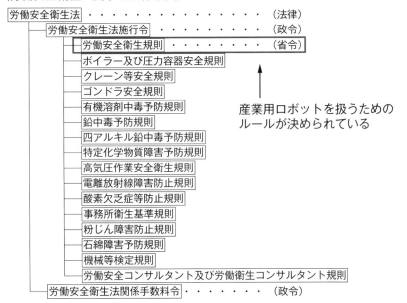

```
労働安全衛生法 ・・・・・・・・・・・・・・・　　（法律）
    労働安全衛生法施行令 ・・・・・・・・・・　　（政令）
        労働安全衛生規則 ・・・・・・・・・　（省令）
        ボイラー及び圧力容器安全規則
        クレーン等安全規則
        ゴンドラ安全規則
        有機溶剤中毒予防規則
        鉛中毒予防規則
        四アルキル鉛中毒予防規則
        特定化学物質障害予防規則
        高気圧作業安全衛生規則
        電離放射線障害防止規則
        酸素欠乏症等防止規則
        事務所衛生基準規則
        粉じん障害防止規則
        石綿障害予防規則
        機械等検定規則
        労働安全コンサルタント及び労働衛生コンサルタント規則
    労働安全衛生法関係手数料令 ・・・・・・・　　（政令）
```

産業用ロボットを扱うための
ルールが決められている

法律：　国会両院の議決で成立します。なお、法律案について参議院が衆議院と異なった議決を
　　　　出すときは、衆議院が出席議員の3分の2以上の多数で再び可決すれば法律となります。
　　　　法律は、主任の国務大臣が署名し、内閣総理大臣が連署し、天皇が公布します。

政令：　憲法及び法律の規定を実施するために内閣が制定する法令で、閣議によって決定し、主
　　　　任の国務大臣が署名し、内閣総理大臣が連署することを必要とし、天皇が公布します。

省令：　各省大臣が、主任の行政事務について、法律若しくは政令の特別の委任に基づいて発す
　　　　る法令です。厚生労働大臣が定めるものを厚生労働省令といいます。省令は、主に
　　　　「〇〇〇規則」という法令名となっています。

規則で定められている措置をとらず、事故に至った場合、運用者側の不備による問題が指摘され、関係者が責任を負うことになります。実際に、事業者や運営者が責任を問われて起訴されたり、書類送検されるケースは少なくありません。産業用ロボットは大きな効果をもたらしますが、その一方で、規則を1つでも守らない場合は、取り返しのつかない事態を招くことを肝に銘じておきましょう。

◆罰　則

第119条

　次の各号のいずれかに該当する者は、6か月以下の懲役、又は50万以下の罰金に処する。

第1号

　（前略）、第59条第3項、（中略）の規定に違反した者

　　　　　　　　　　　　　（以下、労働者の就業に当たっての措置を参照）

第122条

　法人の代表者又は法人若しくは人の代理人、使用人、その他の従業者が、その法人又は人の業務に関して、（中略）第119条の（中略）違反行為をしたときには、行為者を罰するほか、その法人又は人に対しても、各本条の罰金刑を科する。

◆労働者の就業に当たっての措置

第59条（安全衛生教育）

　事業者は、労働者を雇い入れたときは、当該労働者に対し、厚生労働省令で定めるところにより、その従事する業務に関する安全又は衛生のための教育を行わなければならない。

第3項

　事業者は、危険又は有害な業務で、厚生労働省令で定めるものに労働者をつかせるときは、厚生労働省令で定めるところにより、当該業務に関する安全又は衛生のための特別教育を行わなければならない。

労働安全衛生規則

　産業用ロボットを扱う上で知っておかなければならない**「労働安全衛生規則」**は以下の内容です。規則は、「可動範囲内で行う作業」と、「可動範囲外で行う作業」とに区分されて設けられています。また、「可動範囲内で行う作業」には、「駆動源を遮断しない場合」と、「遮断した場合」とに分類されています。

　特に大きな事故は、可動範囲内、かつ、駆動源を遮断しない場合、で多発していることから、この規則と措置に関して後ページで具体的に説明します。

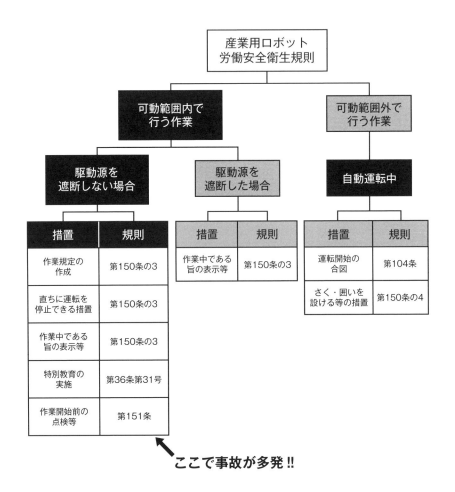

3 産業用ロボットを操作するには、特別教育が必要である

　有害な作業や危険な労働を行う場合、作業者は、労働安全衛生規則の第36条（以下、安規36条）に規定された「特別教育」を受けることが義務づけられています。

　特別教育は、「研削といしの取替え業務（1号）」から「高所作業業務（41号）」まで、41種類（2019.2.1現在）あり、教育の内容はそれぞれ作業別に異なります。

　産業用ロボットは、次に示すように、31号と32号に割り当てられています。

3-1 第36条31号、32号

　『**教示（31号）**』または『**検査（32号）**』を行う者は、安規の第36条により、産業用ロボットに関わる基本的な教育を受講し、労働災害防止のために必要な知識、技能を習得しなければならない。

安規36条31号
　　産業用ロボットの可動範囲内において行う**教示**等又は、それらを行う労働者と共同して可動範囲外にて行う当該**教示**等に係る機器の操作業務

・産業用ロボットの**教示**等の業務に関わる**特別教育**を受講する。

安規36条32号
　　産業用ロボットの可動範囲内において行う**検査**等又はそれらを行う労働者と共同して可動範囲外にて行う当該**検査**等に係る機器の操作業務

・産業用ロボットの**検査**等の業務に関わる**特別教育**を受講する。

(3-2) 特別教育の実施

　特別教育は、講習という形で各ロボットメーカーなどで実施されています。講習には学科と実技があり、習得時間が決められています。「教示」では学科7時間、実技3時間の計10時間（以上）、「検査」では、学科9時間、実技4時間の計13時間（以上）です。

　講習コースや受講料などは、各種の講習機関で異なっており、教示学科のみコース、教示コース、教示＋検査コースなど、必要に応じて用意されています。

教示

	科目	範囲	時間
学科教育	産業用ロボットに関する知識	産業用ロボットの種類、各部の機能及び取扱いの方法	2時間
	産業用ロボットの教示等の作業に関する知識	教示等の作業の方法、教示等の作業の危険性、関連する機械等との連動の方法	4時間
	関係法令	法、令及び安衛則中の関係条項	1時間

	科目	時間
実技教育	1．産業用ロボットの操作の方法	1時間
	2．産業用ロボットの教示等の作業の方法	2時間

検査

	科目	範囲	時間
学科教育	産業用ロボットに関する知識	産業用ロボットの種類、制御方式、駆動方式、各部の構造及び機能並びに取扱いの方法、制御部品の種類及び特性	4時間
	産業用ロボットの検査等の作業に関する知識	検査等の作業の方法、検査等の作業の危険性、関連する機械等との連動の方法	4時間
	関係法令	法、令及び安衛則中の関係条項	1時間

	科目	時間
実技教育	1．産業用ロボットの操作の方法	1時間
	2．産業用ロボットの検査等の作業の方法	3時間

学科の様子

実技の様子

4 教示には、危険防止策が必要である

　安規第150条の3では、産業用ロボットの『可動範囲内』において教示等の作業を行うとき（ロボットに接触する可能性のある作業のとき）は、①「危険を防止するためのマニュアルや作業規程を作成しなければならない」、②「緊急停止できるようにしなければならない」、③「動作中であることを表示しなければならない」というルールが定められています。このルールは、ロボットの動作中（可動時）を対象としているものなので、電源やエネルギー供給源を完全に停止させて作業を行う場合は、第1号および2号の措置については適用外になることがあります。

4-1 （安規150条の3）　教示等の作業時の危険防止措置

第1号　次の項の作業規定を定め、作業すること

　産業用ロボットの種類、構造、作業方法に見合った作業規定を作成し、これを遵守するように自主管理を行う。

（イ）ロボットの操作方法および手順
（ロ）作業中のマニピュレータの速度
（ハ）複数の労働者で作業する場合の合図の方法
（ニ）異常時における措置
（ホ）異常時に運転を停止し、再起動させる時の措置
（ヘ）不意の起動、誤操作による危険防止措置

第2号　異常時にロボットを停止させるための措置

　教示中に危険を察知したならば、直ちに可動領域内にいる教示者か外部にいる監視者などにより、産業用ロボットを緊急に停止できるようにする。

第3号　ロボットが動作中であることの表示等

　教示を行っている間は、教示作業中であることを明示し、教示者以外の者には産業用ロボットの操作を行わせないようにする。

表示灯

4-2 （安規150条の4） 運転時の危険防止のための措置（サク等）

　ロボットと作業者が接触する等の危険の可能性がある場合は、ロボットの周囲に安全柵や囲いを設けて危険を防止しなければならないと規定されています。ただし、一定の条件を満たし、安全性が保たれている場合（十分なリスクアセスメントが行われている場合）は、安全柵を設ける必要はありません。例えば、産業用ロボットのモータの定格出力が 80 W 未満であれば、安全柵なしに、ロボットと人が同じ作業域で働くことができます。

　安規150条の4で、安全柵を考慮しなければならないのは、以下のような場合です。

（a）作業中のマニュピュレータ等の力や運動エネルギーが大きい
（b）作業中のマニピュレータの動きが速い
（c）突起のあるマニピュレータ等が眼などに激突するおそれがある
（d）マニピュレータ等の一部が鋭利である
（e）マニピュレータの間に挟まれる可能性がある
など

補足：教示時のロボットの最高速度は、250 mm/s です。
　　　自動運転では、9000 mm/s から 13000 mm/s の速度になることもあります。

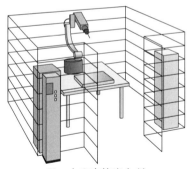

モータの定格出力が
80W以上のロボット
（安全柵あり）

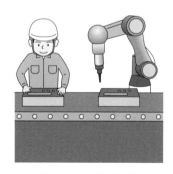

モータの定格出力が
80W以下のロボット
（安全柵なし）

モータ定格 80 W 以下であれば、パワーが小さいので人が挟まれて大怪我する危険性は低い。	**80 W**
80 N の力を加えながら 1 m/s の速度でものを動かすときの出力は 80 W 体重 80 kg の人を 10 秒間で 1 m だけ上方に持ち上げるときの出力は 80W	

(4-3) ロボットの安全対策

　産業用ロボットの安全対策には、①産業用ロボットと作業者を空間的に分けるもの（隔離の原則）と②保護装置を設置し、産業用ロボットと作業者を時間的に分けるもの（停止の原則）の２つのアプローチがあります。

①　産業用ロボットと作業者を空間的に分ける場合（安全柵）

　下図は、産業用ロボットの周囲に設置する安全柵の一例です。産業用ロボットの最大稼働領域と固定ガード（サク）との間には、十分な安全領域を設け、作業者の身体の全て、または一部（手足など）が産業用ロボットに届かないようにします。

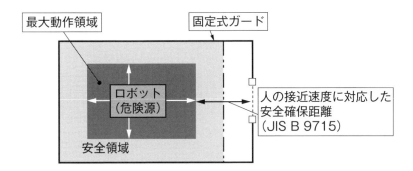

②　産業用ロボットと作業者を時間的に分ける場合（インターロックの措置）

　保護装置とは、人体が危険源に近づいたことを検知したとき、ロボットを止めるものです。安全柵に扉などが設けられている場合は、扉を閉じないとロボットの運転を開始（始動）できないようにする保護装置、例えば、インターロック付きガードなどを装備します。

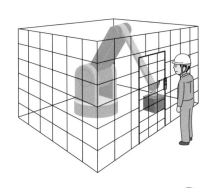

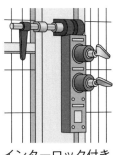

インターロック付き

4-4 固定式ガードと検知保護装置

　安全柵が不要な 80 W 以下のロボット（例えば、協働ロボット）でも、固定式ガードを設けることは有効的です。固定式ガードには、ベルトやチェーンでロボットの周囲を囲む「防護囲い」やパネルやフェンスで危険区域に進入できないようにする「防護柵」があります。

固定式ガード

大区分	小区分	適用例
固定式ガード	防護囲い	ベルト、チェーンなどで囲む
	防護柵	ロボット専用の柵（パネル・フェンス）
	調節式	調節式ガード

　人を検知する検知保護装置には、光線式安全装置、スキャナ装置（例えばレーザスキャナ）、圧力検知マット、トリップバー・トリップワイヤ（ワイヤやバーに強く接触するとロボットが停止する）等があります。

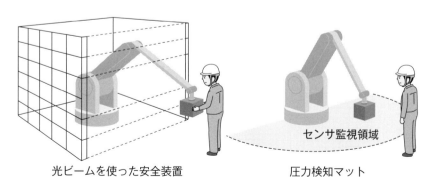

光ビームを使った安全装置　　　　圧力検知マット

検知保護装置

5 検査では、危険防止策が必要である

　産業用ロボットの検査を行う際に必要な措置は、第150条の5で決められています。「検査等の作業」とは、以下の（1）から（5）等の項目が挙げられます。それぞれの作業においては、ロボットの運転を停止する、起動スイッチに錠をかける、検査によりロボットが運転中であることをわかりやすく表示する、といった措置を講じます。また、作業中に作業者以外の人がロボットを起動させないようにすることも重要です。仮に、運転中に検査が必要な場合は、第150条の3で規定された「教示」時と同様の措置が必要になります。

検査等に当てはまる作業

（1）検査

（2）修理

（3）調整（ティーチングに該当するものを除く）

（4）掃除または給油

（5）上記作業の結果確認

検査の箇所

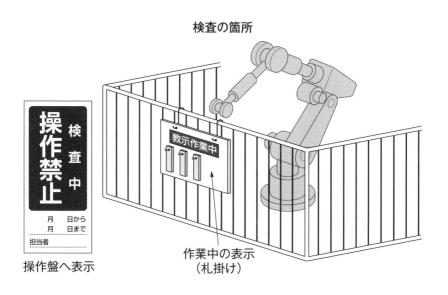

操作盤へ表示

作業中の表示
（札掛け）

5-1 （安規150条の5） 検査等の作業時の危険防止措置

第1号　次の項の作業規定を定め、作業すること
　（イ）ロボットの操作方法および手順
　（ロ）複数の労働者で作業する場合の合図の方法
　（ハ）異常時における措置
　（ニ）異常時に運転を停止し、再起動させる時の措置
　（ホ）不意の起動、誤操作による危険防止措置

第2号　異常時にロボットを停止させるための措置
　　作業に従事している労働者又は当該労働者を監視する者が異常時に、直ちに産業用ロボットの運転を停止できるようにする。

第3号　ロボットが動作中であることの表示等
　　検査を行っている間、産業用ロボットの運転状態を切り替えるためのスイッチ等に作業中であることを明示し、労働者以外の者には産業用ロボットの操作を行わせないようにする。

表示灯

〈補足〉
　まずルールを決めておきましょう。誰に何を報告し、どう対処するのかも決めておく必要があります。よくあるケースは、エラーがおきた後に、リセットしてそのまま使い続けることです。これは、やめましょう。
　エラーにはいくつかの種類があります。特に、警告は注意が必要です。警告には、「部品交換しなさい」、「エンコーダバッテリーが電圧低下です」などがあります。そのまま使い続けると、やがて「異常」と判断され、ロボットは動かなくなります。

チェックリスト・作業規程はありますか
チェックリスト
作業規程
作業規程作成は法的義務

監視人
すぐロボットを止められる態勢にしておく
非常停止ボタン
直ちに停止できる措置

5-2 （安規 151 条） 作業開始前の点検等の措置

産業用ロボットを用いて教示などの作業を行うときは、その日の作業を開始する前に、ロボットおよびロボットシステムについて決められた点検を実施し、異常動作に結び付く損傷や機能不良等がないかどうかをチェックしなければなりません。点検には、いくつかの種類と目的があります。また、点検は、特別教育を受講した者が実施するのが原則です。誰が、いつ、どのような内容をチェックしたかを記録に残すことも規則で定められています。

保守点検作業の種類と目的

No.	種　類	目　　　的
1	日常点検	ロボットを安全に使用するために毎日作業開始前に行う点検作業
2	3ヶ月点検	ロボットの精度維持とロボットコントローラの熱による故障を防ぐために、3ヶ月ごとに行う点検・整備作業
3	2年点検	ロボットコントローラ内のメモリに記憶されているロボット固有のデータおよびロボット本体のエンコーダに記憶されている位置データを消滅させないために、2年ごとに行う電池交換作業
4	2年6ヶ月点検	ロボットの回転・摺動部の摩耗・焼き付き・破損など、重故障につながることを防ぐために、2年6ヶ月ごとに行う点検・整備作業

注）保守点検作業は、ロボットの可動範囲で行う作業が多いための「労働安全衛生法第59条および関連省令等」に定める産業用ロボットの「特別教育」を受講した作業者が実施すること。

※点検内容
   a. 外部電線の被覆又は外装の損傷の有無
   b. マニピュレータの作動の異常の有無
   c. 制動装置および非常停止装置の機能

〈補足〉
　産業用ロボットの日常点検は、目視や動作音などの確認が中心です。一方、定期点検は、ロボットの内部にある、部品の摩耗や破損の有無、バッテリなどの消耗について確認します。保守点検のために、ロボットをティーチングペンダントなどで動かすときには、ジョイントモードで1つひとつ確認します。

5-3　産業用ロボットの検査項目

　産業用ロボットの点検には、主に「外観点検」、「ロボット回りの点検」、「作動テスト」などがあります。
　以下の項目は、チェックシート作成の参考にしてください。

①　外観点検

□ 油漏れはないか？
□ モータ、マニピュレータに異常は見られないか？
□ ねじれはないか？
□ 傷や破損個所はないか？
□ 異物の混入や汚れはないか？
□ 接続コネクタなどの緩みはないか？

②　ロボット回りの点検

□ ケーブルのねじれ、破損の有無
□ コネクタの緩み、破損の有無
□ 安全柵・安全装置など状態の良悪
□ バッテリの液量の有無
□ コンプレッサの状態の有無

③　作動テスト

□ 制御装置の電源スイッチの動作確認
□ 冷却ファンの動作確認
□ ティーチングペンダント：
　　液晶の表示状態の動作確認
□ 非常停止用スイッチ、センサの動作確認
□ 異音、異常振動はないか等の確認

合図や記録を
ルール化しよう!!

(5-4) 点検表の作成

　どのような環境で、どのような産業用ロボットを扱うかを知らないまま点検をすれば、大きな事故につながる可能性は高くなります。点検表などを作成するときには、

・産業用ロボットの場所や可動領域
・種類や能力
・仕事の内容
・運行経路
・作業の方法

などを的確に記録しておきましょう。

必ず記録をとるように‼

　上記の内容は、産業用ロボットを導入する際の仕様に関する書類に記載されています。導入時の書類は、コピーをとっておくとよいでしょう。

ロボット始業点検表

年　　月　　日

整理番号	ロボ番号	本体No.	コントローラNo.	用　途	担当者	リーダー	教員	コース長

日常点検	点検場所	コントローラの電源状態	点検内容	方法	チェック	チェック	チェック	チェック
1	コネクタ部分（ロボ本体）	OFF	緩み・抜け・汚れがないか	目視				
2	コネクタ部分（コントローラ）	OFF	緩み・抜け・汚れがないか	目視				
3	ケーブル部分（ロボ本体）	OFF	傷・むくれはないか	目視				
4	ケーブル部分（コントローラ）	OFF	傷・むくれはないか	目視				
5	ティーチペンダント液晶表示	ON	表示しているか	目視				
6	コントローラのランプ表示	ON	点灯しているか	目視				
7	コントローラの冷却ファン	ON	正常に回転しているか	目視				
8	キャリブレーション動作	ON	エラーや異音はないか	目視				
9	ロボット停止ボタン各種	ON	非常停止するか	停止ボタンON				
10	安全柵	ON	非常停止するか	扉の開閉				
11	動作確認	ON	異音・干渉はないか	1サイクルの運転				

特記事項

6 リスクアセスメント

　産業用ロボットでは、年々増加傾向にある労働災害の発生を防止するために、「リスクアセスメント」という考え方が取り入れられています。リスクアセスメントは、職場の潜在的な危険性、または、有害性を見つけ出し、これを除去・低減するため手法です。

　リスクアセスメントの実施は 2006 年 4 月 1 日以降に労働安全衛生法第 28 条の 2 で努力義務とされています。

　産業用ロボットのリスクの低減となるアプローチには、大きく 2 つあります。
① 「力」「速度」「エネルギー」の抑制
② 「ガード」「防護装置」「警告表示」の設置
　面倒だからといって、防護装置のスイッチを切ったり、インタロックの正常の確認を怠ることもしばしばあります。

　またロボット本体は、2 軸と 3 軸が重要で、モータを外すとブレーキも外れるような仕組みになっているのが一般的です。リスクにおいては、ロボットをどのように固定して（吊るして）行うかなどについても考慮しましょう。

異常発生の種類と予想されるトラブル

・サーボエラー
　　（モータにかかる大きな負荷）
・ケーブルの断線による故障
　　（強い衝撃、電圧オーバー）
・マニピュレータの故障
　　（経年劣化、グリス不足、メンテナンス）
・チョコ停
　　（一時的に停止・空転する現象）
・制御ソフトウェアの欠陥
　　（プログラムのバグによる暴走）

よし！

ここが
ポイント
「危険性」と「対策」の演習問題

図を見ながら、「危険性」と「対策」について考えてみよう。

（1）自動運転中に、箱内にワークが正しく収まらず、ロボットが停止した。
　　作業者がロボットに近づき、ワークを正しく収めようとしている。（事故率が高い）

◆危険性	
◆対策	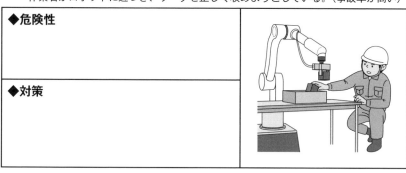

（2）作業者が教示のため、ロボットのツール先端部をのぞきこみ作業している。

◆危険性	
◆対策	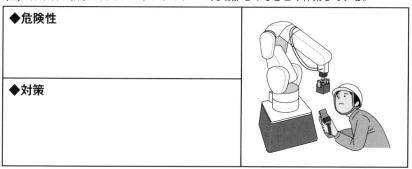

（3）ロボットの停止状態中に、ある作業者が安全柵内で作業している。
　　しかし、それに気がつかず、別の作業者が自動運転を開始しようとしている。

◆危険性	
◆対策	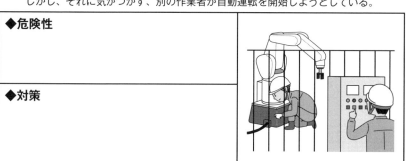

「危険性」と「対策」の演習解答

　図を見ながら、「危険性」と「対策」について考えてみよう。

（1）自動運転中に、箱内にワークが正しく収まらず、ロボットが停止した。
　　　作業者がロボットに近づき、ワークを正しく収めようとしている。

◆危険性
ロボットが停止状態（チョコ停）で、急に動く、または、ワークを把持していない可能性がある。その際、作業者と接触する。
◆対策
手動・自動のモード切替スイッチを確認する。これは必ず手動にしてから作業する。手動の場合、人がボタンを押さなければ動くことはない。また低速であるため大事故に至らない。

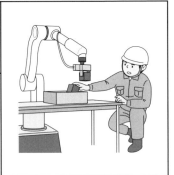

（2）作業者が教示のため、ロボットのツール先端部をのぞきこみ作業している。

◆危険性
ロボットが急に動いて、ワークを離し、人に当たる可能性がある。また、先端ばかりみていると、左右の移動誤動作で壁にぶつかったり、ツールに挟まれる可能性がある。
◆対策
基本的に、ロボットとワークの下で作業はしない。周囲をよく確認し、動作モードの速さを遅く設定する。

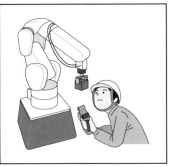

（3）ロボットが停止状態中に、ある作業者が安全柵内で教示している。
　　　しかし、それに気がつかず、別の作業者が自動運転を開始しようとしている。

◆危険性
ロボットが動き出し、人にぶつかる、押しつぶされるなどの可能性がある。
◆対策
柵内の教示者が安全柵を閉じないと安全が解除されないようにする。ロックアウト、安全プラグを設ける。ティーチペンダントのロックスイッチを ON にして作業する。目立つ場所に、作業中であることを明示する。

作業中

導入時の仕様書の例

産業用ロボットの導入時に以下の項目をメモしておきましょう。

自社工場におけるロボット導入に関する仕様書

年　　月　　日

ロボット導入の目的	
改善目的	

日　程	準備期間		稼働開始日	

ロボットの種類	
姿　勢	
構　造	
駆動方式	
機　種	
動作範囲	
最大リーチ	
最大速度	
可搬重量	
サイクルタイム	
設置場所（面積）	
設置場所の環境条件	
労働安全衛生上に必要な措置	

周辺設備・機器、既存システムとの関係	新設ラインの設置／既設ラインの改造

機材費用		運転経費	初年度
外注費			2年目以降

合　計	

備　考	

〈参考文献〉

[1] 産業用ロボット技術発展の系統化調査、楠田喜宏著、国立科学博物館
　　技術の系統化調査報告　第4集

[2] 産業用ロボットの技術　渡辺茂　監修、日本産業用ロボット工業会編、
　　日刊工業新聞社

[3] 電子化ブックス　産業用ロボット入門　稲垣荘司著、大河出版

[4] 機械工学便覧　応用システム編〈γ1〉産業機械・装置　日本機械学会編

[5] 機能安全活用実践マニュアル　ロボットシステム編、中央労働災害防止
　　協会（2018、3）

[6] ロボット技術の変遷（Ⅰ）産業用ロボットと電気制御技術　楠田喜宏
　　IEEE Journal, Vol. 126, No. 5, 2006

[7] 機械工学便覧　デザイン編 β7　生産システム工学　日本機械学会編

[8] 工場自動化のすすめ　宮川孝文著、日刊工業新聞社

[9] 産業用ロボットの安全必携　―特別教育用テキスト―、中央労働災害防
　　止協会

[10] 産業用ロボットの安全管理　―理論と実際―、中央労働災害防止協会

[11] 基礎　ロボット工学―制御編―、長谷川健介・増田良介著、昭晃堂

[12] わかりやすいロボットシステム入門、松日楽信人・大明準治著、オー
　　ム社

[13] 工場自動化のすすめ　宮川孝文著、日刊工業新聞社

[14] ロボット用減速機の現状と今後の展望　安藤清、日本ロボット学会誌、
　　Vol. 33　No. 5、pp329-333、2015

[15] 坂野進著、ロボットと制御の基礎、1999、P. 6・17・45・46・47、
　　日新出版株式会社

[16] 辻三郎著、ロボット工学とその応用、昭和59、P. 3・4・5・6、電
　　子通信学

[17] ロボット工学ソフトウエア利用の手引〔第4回〕MacSLIM：JIS規格
　　　ロボット言語 SLIM の教育用システム　松元明弘　日本ロボット学
　　会誌　Vol. 14　No. 7、pp. 954〜957、1996

[18] 組立機械用語（案）-1973.4.5　精機学会自動組立専門委員会

[19] 自動機械設計実務講座　応用　自動組立周辺機器、須藤憲道、工学研
　　究社

[20] Ⅵ．産業用ロボットの標準化の試み　松島晧三　電気学会雑誌小特集
pp503-506　昭55-6

[21] アーク溶接ロボットの分類と特性　荒谷雄　溶接学会誌　第51巻
（1982）第7号　pp552-559

[22] ロボット工学の基礎　大隅久　精密工学会誌　VoL. 73　No. 10、
2007

[23] ロボットマニピュレータの総合設計システムに関する研究　井上健司
学位論文（東京大学）

[24] ロボットマニピュレーションを支える減速機　溝口善智　計測と制御
第56巻第10号　2017年10月号

[25] 中小企業事業団中小企業研究所編、柿倉正義監修：産業用ロボットの
制御方式と利用技術、日刊工業新聞社

[26] 産業用ロボットの精度論　小特集企画にあたって　新井民夫　精密機
械　51/11/1985

[27] ロボットの精度論　高精密ロボットをいかに実現するか　牧野洋　精
密機械　51/11/1985

[28] 産業用ネットワークの教科書　～IoT時代のものづくりを支えるネッ
トワークと関連技術～、産業オープンネット展準備委員会（編集）、産
業開発機構株式会社

[29] 6軸マニピュレータの力制御　小出光男、久野敏孝、林知三夫　豊田
中央研究所　R&D　レビューVol. 27　No. 4（1992.12）

[30] 日新出版最新部品供給技術総覧編集委員会：最新部品供給技術総覧、
産業技術サービスセンター、（1986）。

[31] 自動組立技術　加藤顕剛、工業調査会

[32] ロボティクスシリーズ11　オートメーション工学、渡部透　コロナ
社

[33] 最新　自動部品供給技術～複合回転形部品供給機の使い方～　吉田鐐
一編著　工業調査会

[34] 機械設計技術者試験問題集　一般社団法人日本機械設計工業会編、日
本理工出版会

〈索引〉

欧文

AGV ································ 145
AMR ································ 145
CPS ································ 107
CP 制御 ····························· 95
GTP ································ 145
L/UL ······························· 13
PLC ······················· 70、81、83
PTP 制御 ···························· 94
RCC 機構 ·························· 132
RGV ································ 145
RV 減速機 ·························· 62
SIer ································· 16
SLAM ······························ 145
SLIM（言語）······················ 104
Urada ケース ······················ 158

あ 行

アクチュエータ ················· 46、47
アブソリュート型 ·············· 116、118
安全柵 ······························ 167
位置決め ····························· 13
位置決め（機構）··········· 82、123、151
位置繰り返し精度 ··········· 120、122
位置検出方式 ······················ 116
イナーシャ ·················· 126、129
インクリメンタル型 ··········· 116、117
インデックス式 ···················· 147
インデックステーブル ····· 144、147、148
インピーダンス制御 ················ 131
運動学 ························· 43、57
運動の精度 ························· 120
エンコーダ ·························· 51
円筒座標型ロボット ················· 41
エンドエフェクタ ···················· 58
エンドユーザー ····················· 16
起こし支持具 ······················ 142
押し上げ力 ·························· 60

押し付け力 ·························· 60
オフラインティーチング ········ 72、74、75
オンラインティーチング ·············· 72、73

か 行

外観検査 ····························· 14
回転数 ······························ 153
回転テーブル ··········· 144、147、151
カギ ································· 143
可動領域 ···························· 159
可変シーケンス ····················· 80
カムフォロア ·················· 148、149
干渉 ································· 90
関節 ································· 28
関節座標 ···························· 29
感知機能 ····························· 21
機械要素部品 ······················ 65
危険防止 ···················· 165、166
軌跡精度 ···························· 121
キッティング ························· 14
ギヤードモータ ····················· 153
教示 ··············· 71、85、87、163、165
協働ロボット ···················· 33、35
許容モーメント ···················· 126
切り欠き ····················· 142、143
空気圧アクチュエータ ················ 48
組立ロボット ························· 13
グレーコード ······················· 119
経路制御（方式）····················· 93
検査 ··············· 163、169、170、172
減速機 ························· 61、67
減速比 ······························ 153
検知保護装置 ······················ 168
工具持ち作業 ······················· 12
拘束 ································· 59
コーディング ······················· 105
国際標準化機構 ······················ 6
固定ガード ························· 168
固定シーケンス ····················· 80

コントローラ……………………70、79
コンプライアンス制御………………131
コンベヤトラッキング……54、144、146

さ 行

サイクロイド歯車機構………………63
サイバーフィジカルシステム…………107
作業機能……………………………21
座標系…………………………25、29
座標軸………………………………31
サーボ誤差………………………121
サーボモータ…………………50、82
産業用ネットワーク………………108
シーリング…………………………14
ジェネバ機構………………………150
システムインテグレーション…………16
システムインテグレータ………………16
自動供給装置………………137、143
自動搬送装置………………………144
シュート………………………137、141
自由度………………………………26
ジョイント…………………………28、55
昇降機………………………………144
自律搬送車…………………………145
シングルステーション…………………10
振動式………………………………141
垂直多関節（型）ロボット………34、38
水平多関節（型）ロボット………34、39
図記号………………………………36
制御装置……………………………70
制御方式……………………………92
制限板………………………142、143
絶対精度……………………………122
センサ…………………………46、51
センサトラッキング…………………54
双腕ロボット………………………34
送路…………………………………137

た 行

タイムチャート…………………97、100
ダイレクトティーチング………………35
ダイレクトドライブ方式………………151

多関節型……………………………31
多関節型ロボット…………………32
ダボ…………………………………142
溜まりパルス………………………121
単腕ロボット………………………34
ダンピング制御……………………132
知的機能……………………………21
チョコ停……………………………158
直角座標型ロボット………………40
直交座標……………………………29
通信システム………………………107
ツメ…………………………………143
ツール座標…………………………29
停止時作業…………………………12
ティーチング………………………71
ティーチングペンダント
　　………………46、76、77、78、86
テープ式……………………………139
デルタロボット……………………32
点検表………………………………173
電動アクチュエータ…………………50
動力伝達要素………………………65
特異点…………………………42、43
特別教育………………………163、164
塗装ロボット………………………13
トラッキング………………………124

な 行

日本産業規格…………………………6
ねじ締め……………………………14

は 行

バイナリーコード…………………119
歯車……………………………62、64
バーサトラン…………………………4
バックドライブ……………………133
バックドライバビリティ……………133
バックラッシ…………………61、63
バッテリ……………………………84
パーツトレイ式……………………139
パーツフィーダ………………141、142
波動歯車機構………………………62

181

ハーモニックドライブ ······················ 62
パラメータ ································· 66
パラレルカム ······························ 149
パラレルリンクロボット ················· 32
バレルカム ································ 148
搬送工程 ·································· 144
ビジョンカメラ ··························· 124
ビジョンセンサ ···························· 52
ビジョントラッキング ····················· 54
左手座標系 ································· 27
費用対効果 ································· 18
フィールドネットワーク ················· 110
負荷イナーシャ ····················· 128、130
負荷モーメント ····················· 127、128
部品供給方式 ······························ 138
フープ式 ·································· 139
プーリ径 ·································· 146
プログラマブルコントローラ ······· 70、81
プログラミング言語 ····················· 104
フローチャート ·············· 98、99、100
偏差カウンタ ······························ 121
保守点検作業 ······························ 171
ボールねじ ································· 153

ま 行

マガジン ·································· 140
マガジン式 ································ 140
マテハン ···································· 13
マニピュレータ ······················ 46、55
マルチステーション ······················ 10
右手座標系 ································· 27
溝 ·· 143
無人搬送車 ························· 144、145
メンテナンス ······························ 67

モーションコントローラ ················· 83
文字記号 ··································· 37

や 行

焼き入れ ·································· 149
焼き戻し ·································· 149
油圧アクチュエータ ······················ 49
遊星歯車機構 ······························· 62
ユーザーインターフェース ··············· 70
ユニメート ·································· 4
溶接ロボット ······························ 13
揺動式 ···································· 141

ら 行

ライン工程 ···································· 9
ラチェット機構 ··························· 149
力覚センサ ································· 53
リスクアセスメント ····················· 174
リンク ································· 55、56
レール ···································· 142
連続運動作業 ······························· 12
労働安全衛生規則 ··················· 7、162
労働安全衛生法 ··························· 160
ロータリ式 ································· 147
ロボットアーム ···························· 55
ロボット元年 ······························· 5
ロボット言語 ························ 89、104
ロボットシステム ························· 16
ロボットハンド ···················· 58、59、60
ローラギアカム ··························· 148

わ 行

ワーク持ち作業 ···························· 12

■著者紹介
西田 麻美 (にしだ まみ)

電気通信大学大学院電気通信学研究科知能機械工学専攻博士後期課程修了。工学博士。
国内外の中小企業や大手企業に従事しながら、搬送用機械、印刷機械、電気機器、ロボット
など機械設計・開発・研究業務を一貫し、数々の機器・機械を約 20 年に渡って手がける。2017
年に株式会社プラチナリンクを設立（代表取締役）。現在は、東京国際工科専門職大学工科
学部情報工学科ロボット開発コースの大学教員として奉職する傍ら、メカトロニクス・ロボット教育
および企業の技術指導を専門に、人材育成コンサルティングを行う。自動化推進協会常任理事
技術委員長、電気通信大学一般財団法人目黒会理事技術委員長などを歴任。
書籍・執筆多数（日刊工業新聞社）。メカトロニクス関係の The ビギニングシリーズは、「日本設
計工学会武藤栄次賞 Valuable Publishing 賞（2013 年）」、「関東工業教育協会著作賞
（2019 年）」を受賞。日本包装機械工業会「業界発展功労賞（2017 年）」など各種教育活動
で表彰される。

株式会社プラチナリンク　URL：https://platinalink.co.jp/

産業用ロボット The ビギニング

NDC 548.3

2022 年 9 月 26 日	初版 1 刷発行
2024 年 8 月 26 日	初版 5 刷発行

（定価はカバーに表示
されております。）

ⓒ 著　者　　西　田　麻　美
発行者　　井　水　治　博
発行所　　日刊工業新聞社
〒 103-8548　東京都中央区日本橋小網町 14-1
電　話　書籍編集部　東京　03-5644-7490
　　　　販売・管理部　東京　03-5644-7403
　　　　F A X　　　　　03-5644-7400
振替口座　00190-2-186076
URL　https://pub.nikkan.co.jp/
e-mail　info_shuppan@nikkan.tech

印刷・製本　美研プリンティング

落丁・乱丁本はお取り替えいたします。　　　2022　Printed in Japan
ISBN 978-4-526-08229-0